中国互联网站发展状况及其安全报告

（2020）

主办单位 中国互联网协会

合作单位 深圳市腾讯计算机系统有限公司
恒安嘉新（北京）科技股份公司

支持单位 网宿科技股份有限公司
天津市国瑞数码安全系统股份有限公司

·南京·

图书在版编目(CIP)数据

中国互联网站发展状况及其安全报告. 2020 / 刘多主编. -- 南京 : 河海大学出版社, 2020.10

ISBN 978-7-5630-6484-7

Ⅰ. ①中… Ⅱ. ①刘… Ⅲ. ①互联网络—网络安全—研究报告—中国—2020 Ⅳ. ①TP393.08

中国版本图书馆 CIP 数据核字(2020)第 180978 号

书　　名 中国互联网站发展状况及其安全报告(2020)
书　　号 ISBN 978-7-5630-6484-7
责任编辑 龚　俊
特约编辑 卞月眉　丁寿萍
特约校对 梁顺弟
封面设计 槿容轩　张育智　吴晨迪
出　　版 河海大学出版社
地　　址 南京市西康路 1 号(邮编:210098)
网　　址 http://www.hhup.com
电　　话 (025)83737852(总编室)　(025)83722833(营销部)
经　　销 江苏省新华书店集团有限公司
排　　版 南京布克文化发展有限公司
印　　刷 广东虎彩云印刷有限公司
开　　本 787 毫米×1092 毫米　1/16　7.5 印张　159 千字
版　　次 2020 年 10 月第 1 版　2020 年 10 月第 1 次印刷
定　　价 298.00 元

中国互联网站发展状况及其安全报告(2020)

编　委　会

前　言

根据国家法律法规规定，我国对经营性互联网信息服务实行许可制度，对非经营性互联网信息服务实行备案制度。根据法律法规授权，为了落实相关的规定，在实践中国家形成了以工业和信息化部 ICP/IP 地址/域名信息备案管理系统为技术支撑平台的中国网站管理公共服务电子政务平台，中国境内的接入服务商所接入的网站，必须通过备案管理系统履行备案，从而实现对中国网站的规模化管理和相应的服务。

为进一步落实加强政府信息公开化要求，向社会提供有关中国互联网站发展水平及其安全状况的权威数据，从中国网站的发展规模、组成结构、功能特征、地域分布、接入服务、安全威胁和安全防护等方面对中国网站发展作出分析，引导互联网产业发展与投资，保护网民权益及财产安全，提升中国互联网站安全总体防护水平，在工业和信息化部等主管部门指导下，依托备案管理系统中的相关数据，中国互联网协会发布《中国互联网站发展状况及其安全报告(2020)》。

目前互联网在中国的发展已进入一个新时期，云计算、大数据、移动互联网、网络安全等技术业务应用迅猛发展，报告的发布将对中国互联网发展布局提供更为科学的指引，为政府管理部门、互联网从业者、产业投资者、研究机构、网民等相关人士了解、掌握中国互联网站总体情况提供参考，是政府开放数据大环境下的有益探索和创新。

报告的编写和发布得到了政府、企业和社会各界的大力支持，在此一并表示感谢。因能力和水平有限，不足之处在所难免，欢迎读者批评指正。

术语界定

网站:

是指使用 ICANN 顶级域(包括国家和地区顶级域、通用顶级域)注册体系下独立域名的 Web 站点,或没有域名只有 IP 地址的 Web 站点。如果有多个独立域名或多个 IP 指向相同的页面集,视为同一网站,独立域名下次级域名所指向的页面集视为该网站的频道或栏目,不视为网站。

中国互联网站(简称"中国网站"):

是指中华人民共和国境内的组织或个人开办的网站。

域名:

域名(Domain Name),是由一串用点分隔的名字组成,用于在互联网上数据传输时标识联网计算机的电子方位(有时也指地理位置),与该计算机的互联网协议(IP)地址相对应,是互联网上被最广泛使用的互联网地址。

IP 地址:

IP 地址就是给连接在互联网上的主机分配的一个网络通信地址,根据其地址长度不同,分为 IPV4 和 IPV6 两种地址。

网站分类:

通过分布式网络智能爬虫,高效采集网站内容信息,基于机器学习技术和 SVM 等分类算法,构建行业网站分类模型,然后使用大数据云计算技术实现对海量网站的行业类别判断分析,结合人工研判和修订,最终确定网站分类。

数据来源:

工业和信息化部 ICP/IP 地址/域名信息备案管理系统

数据截止日期:

2019 年 12 月 31 日

目 录

第一部分　2020 年中国网站发展概况

中国网站建设经过几十年的发展，已经日趋成熟，政府和市场在网站高速发展的同时对网站备案的准确性和规范性提出了更高的要求，中央网信办、工业和信息化部、公安部、市场监督总局四部委联合开展全国范围内的互联网站安全专项整治工作，工业和信息化部也相继开展了一系列专项行动，清理过期、不合规域名，注销空壳网站，核查整改相关主体资质证件信息，清理错误数据，规范接入服务市场，开展互联网信息服务备案用户真实身份信息电子化核验试点工作等，进一步落实网络实名管理要求，扎实有效地推进了互联网站的健康有序发展。2019 年，在一系列专项整治的行动下，中国网站数量有所下降，但网站备案的准确率和有效性得到显著提升，中国网站的发展和治理取得新成效，更有力地保障了政府对网站的监管和互联网行业的健康发展。

2019 年中国网站规模稍有下降，互联网接入市场形成相对稳定的格局，市场集中度进一步提升，民营接入服务商发展成就显著；中国网站在地域分布上仍呈现东部地区多、中西部地区少的发展格局，区域发展不协调、不平衡的问题较为突出；中国网站主办者中“企业”举办网站仍为主流；专业互联网信息服务网站持续增长；中国网站语种保持多元化发展趋势。

(一) 中国网站规模稍有下降

截至 2019 年 12 月底，中国网站总量达到 451.11 万个，较 2018 年降低 69.11 万个，其中“企业”主办网站 346.11 万个、“个人”主办网站 85.87 万个。为中国网站提供互联网接入服务的接入服务商 1 393 家，网站主办者达到 334.24 万个；中国网站所使用的独立域名共计 541.25 万个，每个网站主办者平均拥有网站 1.35 个，每个中国网站平均使用的独立域名 1.20 个。全国提供药品和医疗器械、新闻、文化、广播电影电视节目、出版等专业互联网信息服务的网站 2.08 万个。

(二) 网站接入市场形成相对稳定的格局，市场集中度进一步提升

一是从事网站接入服务业务的市场经营主体稳步增长，2019 年全国新增从事网站接入服务业的市场经营主体 39 家。二是互联网接入市场规模和份额已相对稳定。民营企业是网站接入市场的主力军，三家基础电信企业直接接入的网站仅为中国网站总量的 4.20%。接入网站数量排名前 20 的接入服务商均为民营接入服务商企业，接入网站数量占比达到 80.25%，民营接入服务商发展持续提升。三是市场集中度进一步提升。截至 2019 年底，十强接入服务商接入网站 340.24 万个，

占中国网站总量的74.11%,较2018年底上升3.27个百分点,单一接入服务商市场份额已超过1/3。

(三) 中国网站区域发展不协调、不平衡,区域内相对集中

跟中国经济发展高度相似,中国网站在地域分布上呈现东部地区多、中西部地区少的发展格局,区域发展不协调、不平衡的问题较为突出。截至2019年底,东部地区网站占比67.61%,中部地区占比18.39%,西部地区占比14.00%。无论从网站主办者住所所在地统计,还是从接入服务商接入所在地统计,网站主要分布在广东、北京、江苏、上海、浙江、山东等东部沿海省市,中部地区网站主要分布在河南、湖北和安徽,西部地区网站主要集中分布在四川、陕西和重庆。

(四) 中国网站主办者中"企业"举办的网站仍为主流,占比持续增长

在451.11万个网站中,网站主办者为"企业"举办的网站达到346.11万个,占中国网站总量的76.85%,占比较去年增长2.05个百分点。主办者性质为"个人"的网站85.87万个,较2018年底降低24.14万个。主办者性质为"事业单位""政府机关""社会团体"的网站较2018年底均有所下降。中国网站主办者组成情况见图1-1。

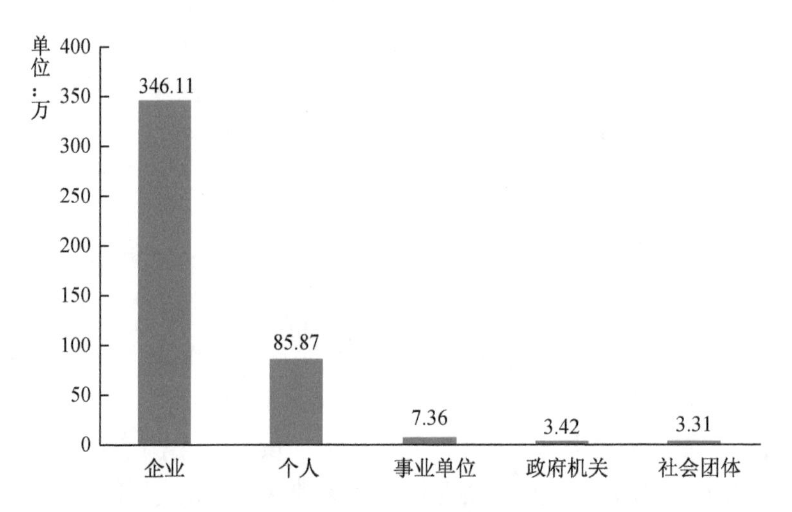

图1-1 截至2019年12月底中国网站主办者组成情况

数据来源:中国互联网协会 2019.12

(五) ".com"".cn"".net"在中国网站主办者使用的域名中依旧稳居前三

在中国网站注册使用的541.25万个通用域名中,注册使用".com"".cn"".net"域名的中国网站数量仍最多,使用数量占通用域名总量的90.32%。截至2019年12月底,".com"域名使用数量最多,达到313.15万个,较2018年底降低了89.77

万个；其次为“. cn”和“. net”域名，各使用 152. 58 万个和 23. 12 万个，“. cn”域名较 2018 年底降低了 87. 67 万个，“. net”域名较 2018 年底降低了 7. 69 万个。中国网站注册使用各类通用域使用情况如图 1-2 所示。

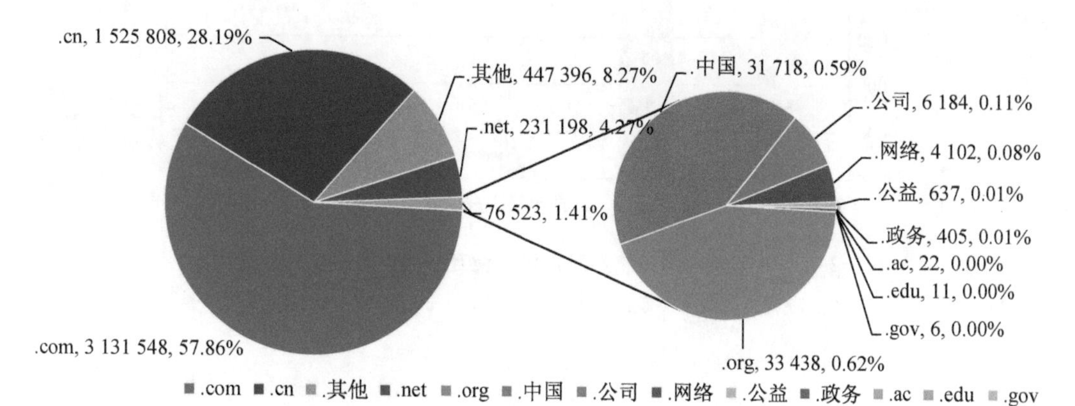

图 1-2　截至 2019 年 12 月底中国网站注册使用的各类通用域占比情况

数据来源：中国互联网协会　2019. 12

（六）中文域名中“. 中国”“. 公司”“. 网络”域名备案总量均有所下降

在中国网站使用的中文域名中，使用“. 中国”“. 公司”“. 网络”域名的中国网站数量仍最多，域名备案总量均有所下降。截至 2019 年 12 月底，“. 中国”域名使用数量最多，达到 31 718 个，同比下降 25. 43％；“. 公司”域名备案总量达到 6 184 个，同比下降 28. 33％；“. 网络”域名备案总量达到 4 102 个，同比下降 31. 74％；“. 公益”“. 政务”中文域名备案分别达到 637 个和 405 个，较 2018 年底分别降低了 27. 20％和 34. 15％。

（七）专业互联网信息服务网站持续增长，出版类网站增幅最大

截至 2019 年 12 月底，专业互联网信息服务网站共计 2. 08 万个，主要集中在药品和医疗器械、文化等行业和领域，新闻、广播电影电视节目、出版等行业的领域发展规模相对较小。与 2018 年底相比，药品和医疗器械、文化、广播电影电视节目、出版类专业互联网信息服务网站均有所增长，其中出版类网站增幅最大，同比增长 62. 90％。各类中国网站中涉及提供专业互联网信息服务的网站情况见图 1-3。

（八）中国网站语种保持多元化发展趋势

中国网站语言日益丰富。截至 2019 年 12 月底，中国网站中除简体中文网站 418. 62 万个、英语网站 27. 08 万个、繁体中文网站 6. 49 万个之外，使用其他语言网站 1. 11 万个，较 2018 年底减少 294 个，其中包含法语、藏语、维吾尔语、蒙古语、哈萨克语、柯尔克孜语、西班牙语、日语、俄罗斯语等 14 种语言。

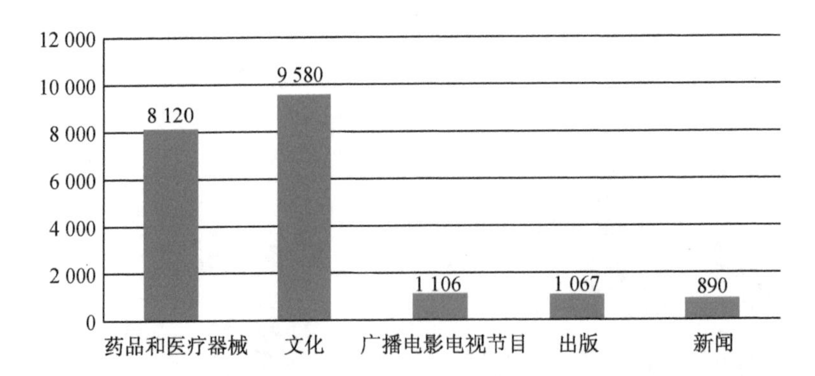

图 1-3　2019 年中国网站中涉及提供专业互联网信息服务的网站情况

数据来源:中国互联网协会　2019.12

第二部分　中国网站发展状况分析

本章主要对中国网站总量、中国网站注册使用的域名、中国网站地域分布、专业互联网信息服务网站、中国网站主办者、从事网站接入业务的接入服务商等与中国网站相关的要素，从 2019 年全年和近五年两个时间维度来统计分析其发展状况、地域分布及发展趋势。

(一) 中国网站及域名历年变化情况

1. 中国网站总量及历年变化情况

2019 年中国网站总量呈下降的趋势，截至 2019 年 12 月底达到 451.11 万个，具体月变化情况见图 2-1。

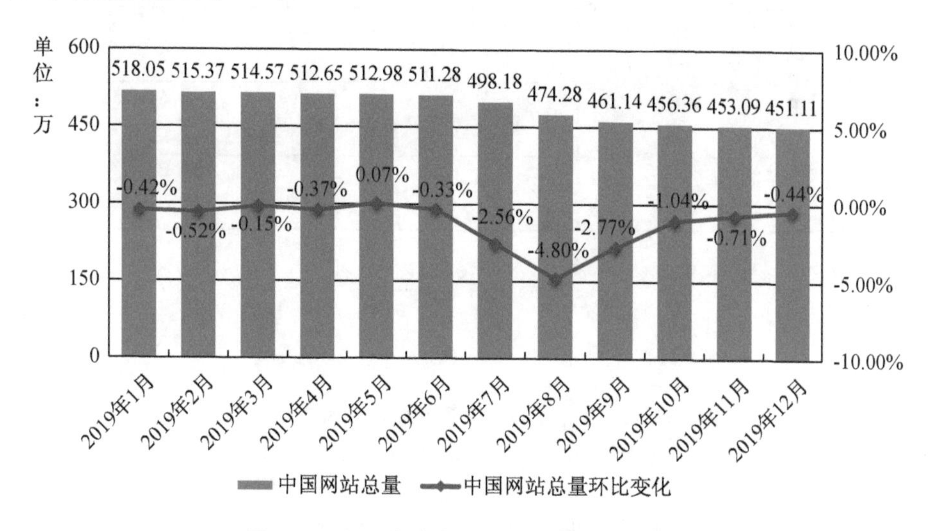

图 2-1　2019 年全年中国网站总量变化情况

数据来源：中国互联网协会　2019.12

从近五年来看，中国网站总量呈逐年先上升后下降态势。截至 2019 年 12 月底，中国网站总量达到 451.11 万个，较 2018 年底降低 69.11 万个，同比降低 13.28%。近五年变化情况见图 2-2。

2. 注册使用的独立域名及历年变化情况

2019 年中国网站注册使用的各类独立顶级域名整体呈下降态势，2019 年 12 月底达到 541.25 万个。具体情况见图 2-3。

2019 年中国网站注册使用的独立域名数量最多的三类顶级域分别为“. com”“. cn”“. net”。三类域名数量 2019 年整体均呈下降态势，2019 年 12 月底“. com”

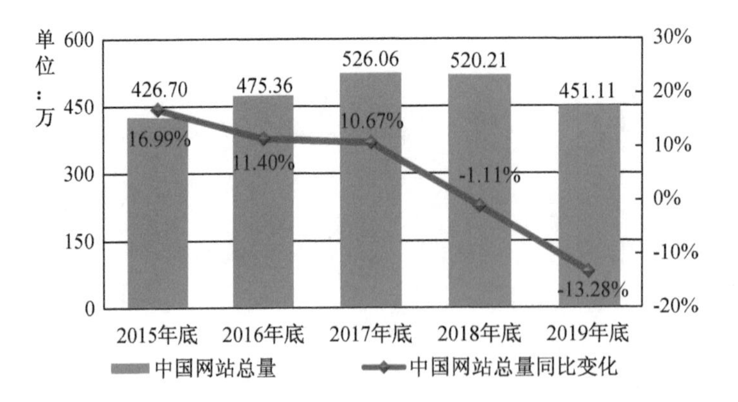

图 2-2　近五年中国网站总量变化情况

数据来源：中国互联网协会　2019.12

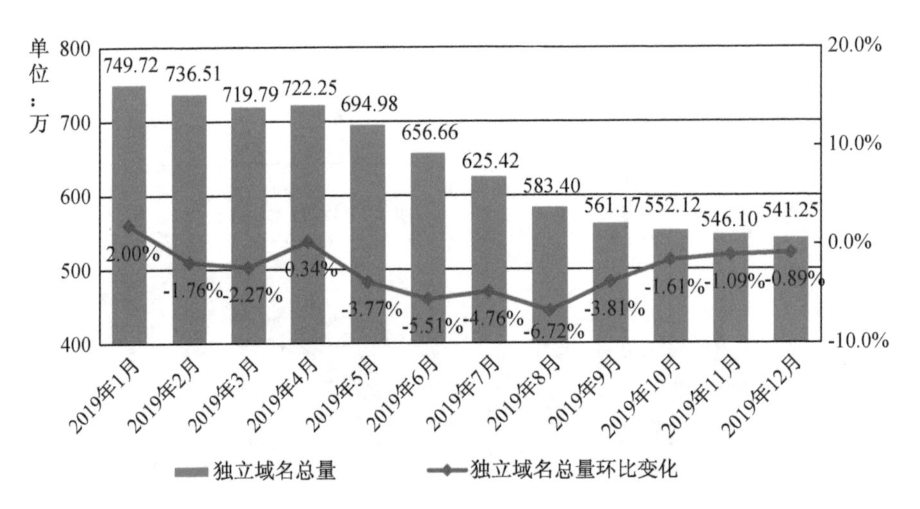

图 2-3　2019 年全年独立顶级域名总量变化情况

数据来源：中国互联网协会　2019.12

“.cn”“.net”三类域名数量分别为 313.15 万个、152.58 万个和 23.12 万个。2019 年全年注册使用“.com”“.cn”“.net”三类域名数量具体月变化情况见图 2-4。

近五年各类独立顶级域名数量呈先上升后下降态势，截至 2019 年 12 月底，中国网站注册使用的各类独立顶级域名 541.25 万个，较 2018 年底减少 193.76 万个，同比降低 26.36%。具体情况见图 2-5。

2019 年中国网站注册使用的独立域名数量最多的三类顶级域分别为“.com”“.cn”“.net”。其中注册使用“.com”的独立域名 313.15 万个，较 2018 年底降低 89.77 万个；“.cn”域名 152.58 万个，较 2017 年底降低 87.67 万个；“.net”域名 23.12 万个，较 2018 年底降低 7.69 万个。具体情况见图 2-6。

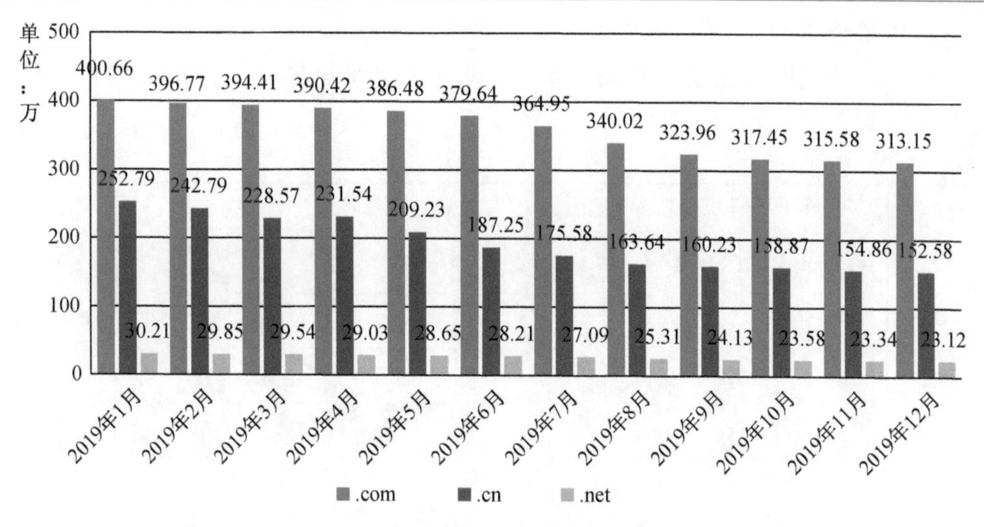

图 2-4　2019 年全年数量最多的三类独立顶级域名变化情况

数据来源：中国互联网协会　2019.12

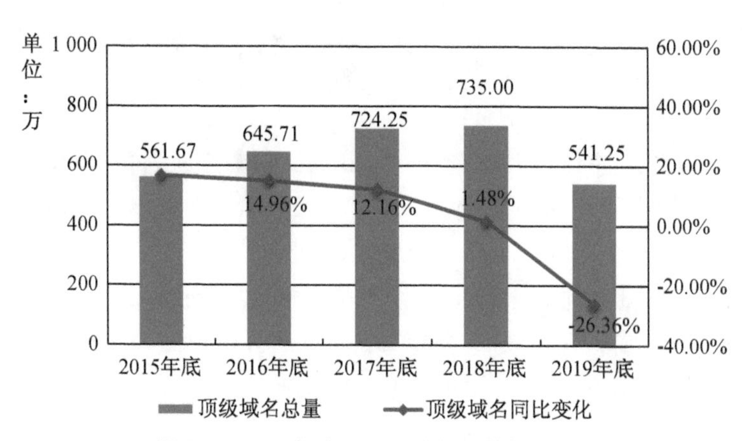

图 2-5　近五年独立顶级域名总量变化情况

数据来源：中国互联网协会　2019.12

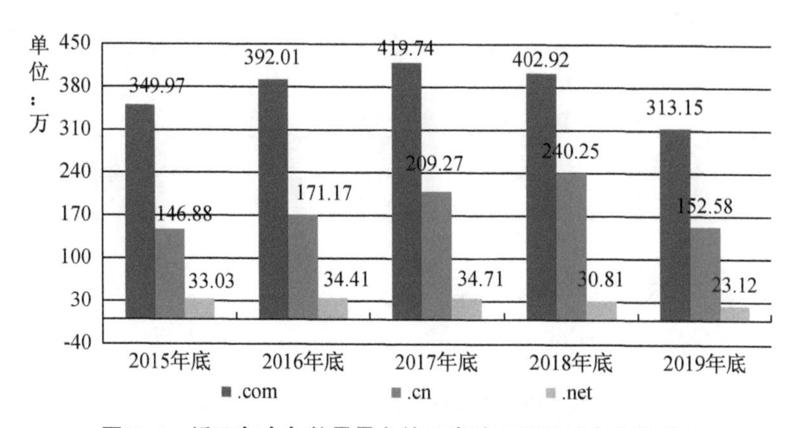

图 2-6　近五年全年数量最多的三类独立顶级域名变化情况

数据来源：中国互联网协会　2019.12

3. 注册使用的“. cn”二级域名及历年变化情况

2019 年中国网站注册使用的“. cn”二级域名总量整体呈下降的趋势,2019 年 12 月底达到 33.97 万个。具体情况见图 2-7。

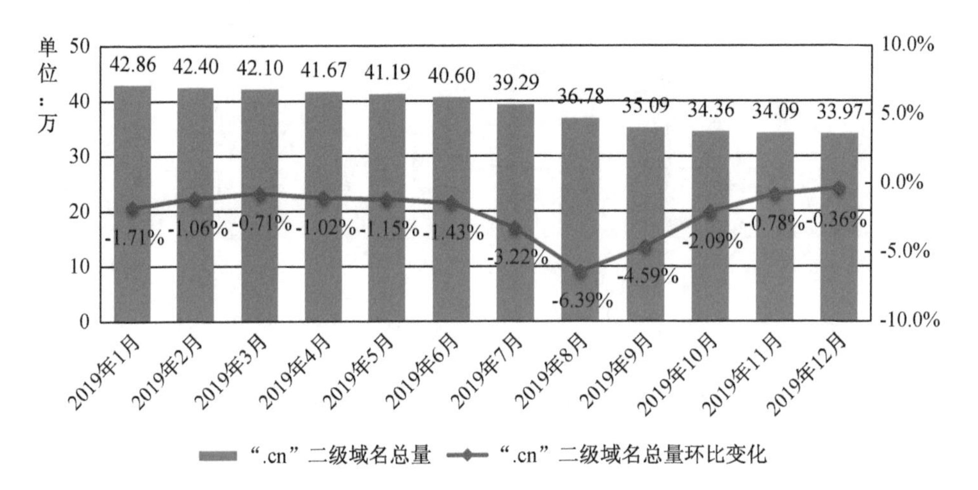

图 2-7 2019 年“. cn”二级域名总量变化情况

数据来源:中国互联网协会 2019.12

2019 年中国网站注册使用最多的“. cn”二级域名别为“. com. cn”“. net. cn”“. org. cn”,2019 年全年均呈下降趋势。截至 2019 年 12 月底,“. com. cn”二级域名注册量达到 24.73 万个,“. net. cn”二级域名注册量达到 2.93 万个,“. org. cn”二级域名注册量达到 2.63 万个,在 2019 年 9 月首次超过“. gov. cn”成为注册使用量排名第三的“. cn”二级域名。2019 年全年“. com. cn”“. net. cn”“. org. cn”二级域名具体变化情况见图 2-8。

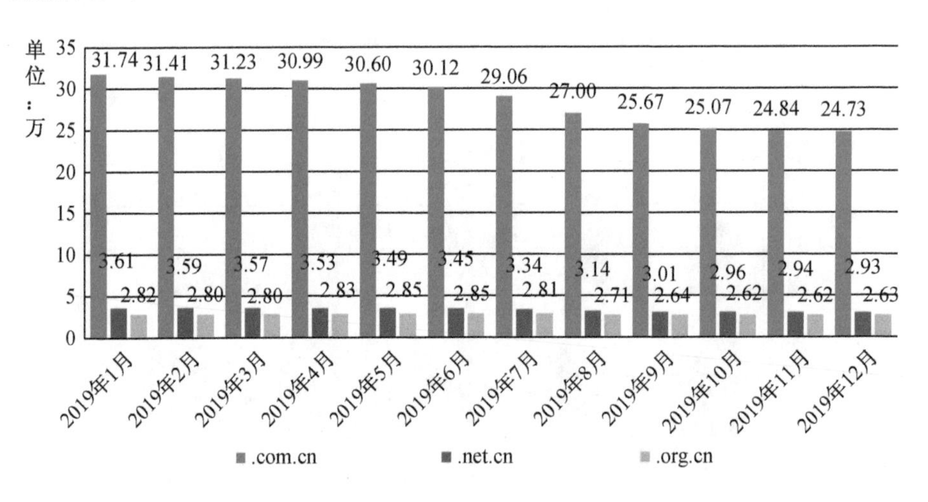

图 2-8 2019 年全年数量最多的三类二级域名变化情况

数据来源:中国互联网协会 2019.12

近五年“.cn”二级域名数量呈先上升后下降态势，截至2019年12月底，中国网站注册使用的“.cn”二级域名33.97万个，较2018年底减少9.63万个，同比下降22.09%。具体情况见图2-9。

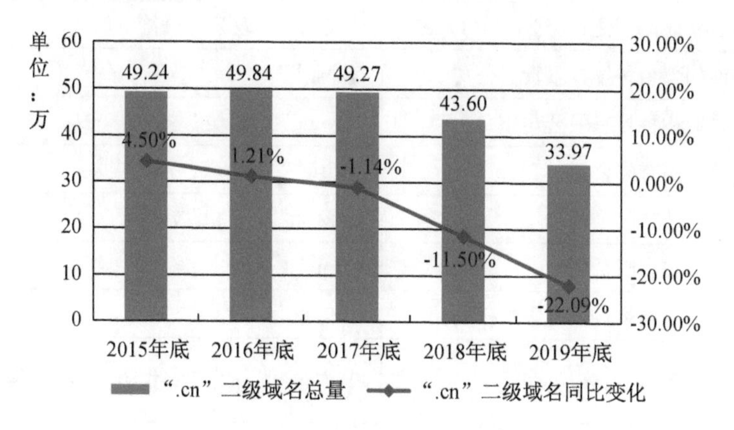

图2-9　近五年.cn二级域名总量变化情况

数据来源：中国互联网协会　2019.12

2019年中国网站注册使用的数量最多的三类“.cn”二级域名分别为“.com.cn”“.net.cn”“.org.cn”，近五年呈先上升后下降态势。2019年底，“.com.cn”二级域名24.73万个，较2018年底减少7.54万个；“.net.cn”二级域名2.93万个，较2018年底减少0.75万个；“.gov.cn”二级域名2.63万个，较2018年底减少0.22万个。具体变化情况见图2-10。

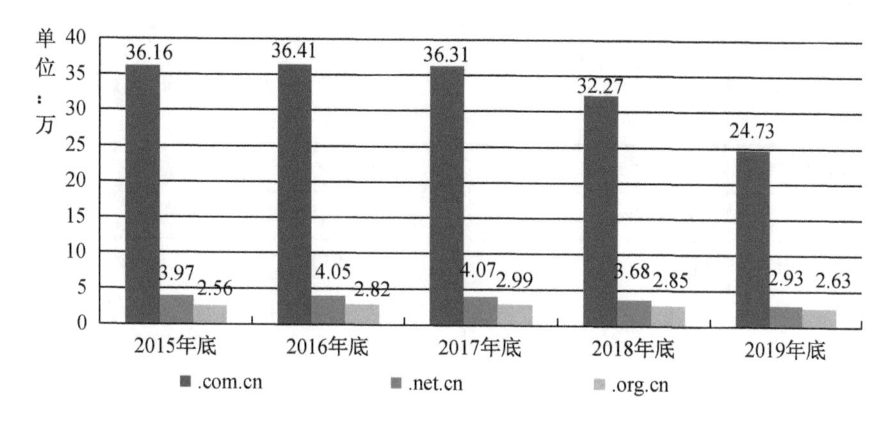

图2-10　近五年数量最多的三类二级域名变化情况

数据来源：中国互联网协会　2019.12

4. 互联网域名注册管理机构情况

截至2020年5月底中国境内的域名注册管理机构共有31家，具体见表2-1。

表 2-1 截至 2020 年 5 月底互联网域名注册管理机构情况

序号	名称	许可范围
1	中国互联网络信息中心(CNNIC)	CN 和中文域名(.CN/.中国/.公司/.网络)
2	政务和公益机构域名注册管理中心(CONAC)	中文域名(.政务/.公益/.政务.CN/.公益.CN)
3	北龙中网(北京)科技有限责任公司	“.网址”
4	北京卓越通达科技有限公司	“.wang”“.商城”
5	中国中信集团有限公司	“.citic”“.中信”
6	环球商域科技有限公司	“.商标”“.招聘”“.餐厅”
7	江苏邦宁科技有限公司	“.top”
8	北京泰尔英福网络科技有限责任公司	“.信息”
9	广州誉威信息科技有限公司	“.广东”“.佛山”“.集团”“.我爱你”“.时尚”
10	北京搜狐新媒体信息技术有限公司	“.sohu”
11	北京阿里巴巴云计算技术有限公司	“.xin”
12	北京华瑞网研技术有限公司	“.手机”
13	威瑞信互联网技术服务(北京)有限公司	“.COM”“.NET”
14	北京爱克司科技有限公司	“.xyz”
15	北京明智墨思科技有限公司	“.vip”“.WORK”“.LAW”“.BEER”“.购物”“.FASHION”“.FIT”“.LUXE”“.YOGA”
16	北京乐博域明科技有限公司	“.club”
17	北京然迪克思科技有限公司	“.SITE”“.FUN”“.ONLINE”“.STORE”“.TECH”“.HOST”“.SPACE”“.PRESS”“.WEBSITE”
18	技慕科技(北京)有限公司	“.SHOP”
19	北京域通联达科技有限公司	“.在线”“.中文网”
20	北京拓扑维度科技有限公司	“.ink”“.DESIGN”“.WIKI”
21	都能网络技术(上海)有限公司	“.LTD”“.GROUP”“.游戏”“.企业”“.娱乐”“.商店”“.CENTER”“.VIDEO”“.SOCIAL”“.TEAM”“.SHOW”“.COOL”“.ZONE”“.WORLD”“.TODAY”“.CITY”“.CHAT”“.COMPANY”“.LIVE”“.FUND”“.GOLD”“.PLUS”“.GURU”“.RUN”“.PUB”“.EMAIL”“.LIFE”
22	艾斐域(上海)信息科技有限公司	“.INFO”“.MOBI”“.RED”“.PRO”“.KIM”“.ARCHI”“.ASIA”“.BIO”“.BLACK”“.BLUE”“.GREEN”“.LOTTO”“.ORGANIC”“.PET”“.PINK”“.POKER”“.PROMO”“.SKI”“.VOTE”“.VOTO”“.移动”“.网站”

（续表）

序号	名称	许可范围
23	纽思塔（北京）科技有限公司	“. BIZ”“. CO”
24	优联域通（深圳）网络科技有限公司	“. AUTO”“. LINK”
25	北京瑰域迪科技有限公司	“. ART”
26	美丽心灵网络科技（天津）有限公司	“. LOVE”
27	百度在线网络技术（北京）有限公司	“. BAIDU”
28	北京艾鲁云铭科技有限公司	“. CLOUD”
29	格域（北京）科技有限公司	“. ICU”
30	互联网域名系统北京市工程研究中心有限公司	“. REN”“. FANS”
31	中国联合网络通信有限公司	“. 联通”“. UNICOM”

（二）中国网站及域名地域分布情况

1. 中国网站地域分布情况

东部地区网站发展远超中西部地区。按照网站主办者所在地统计，我国东部沿海地区的网站数量达到 304.99 万个，占中国总量的 67.61%。中部地区网站数量达到 82.96 万个，占中国总量的 18.39%。西部地区网站数量达到 63.15 万个，占中国总量的 14.00%。我国东部沿海、中部及西部地区的网站分布情况及近五年变化情况见图 2-11 和图 2-12。

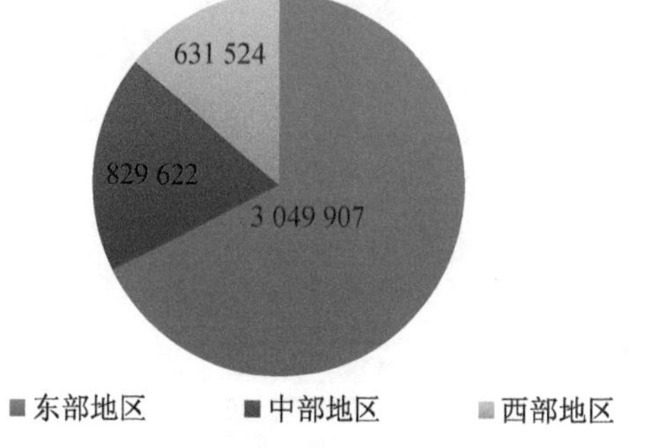

图 2-11　2019 年中国网站总量地域分布情况

数据来源：中国互联网协会　2019.12

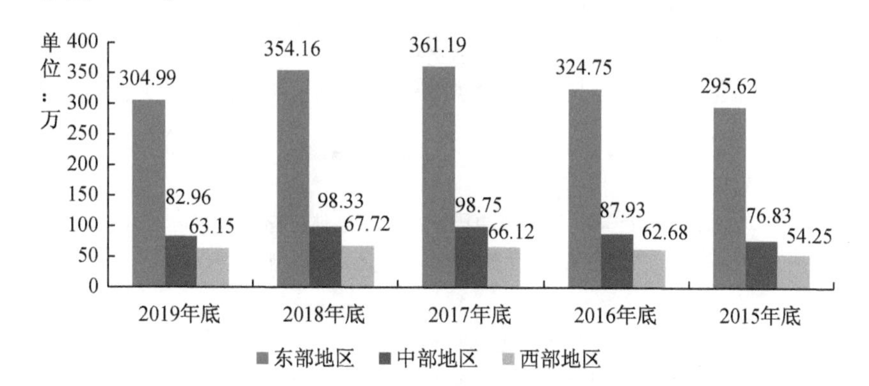

图 2-12　近五年中国网站总量地域分布变化情况

数据来源：中国互联网协会　2019.12

截至 2019 年 12 月底，从各省、区、市网站（按网站主办者住所所在地）总量的分布情况来看,广东省网站数量位居全国第一,达到 73.16 万个,占全国总量的 16.22%。排名第二至五位的地区分别为北京(45.44 万个)、江苏(42.18 万个)、上海(33.70 万个)和浙江(29.44 万个)。上述五个地区的网站总量 223.92 万个,占中国网站总量的 49.64%。属地内网站数量在 1 万以内的地区有西藏(2 075 个)、青海(4 663 个)、新疆(9 152 个)、宁夏(9 345 个)。近两年中国网站总量在各省、区、市的分布情况见图 2-13。

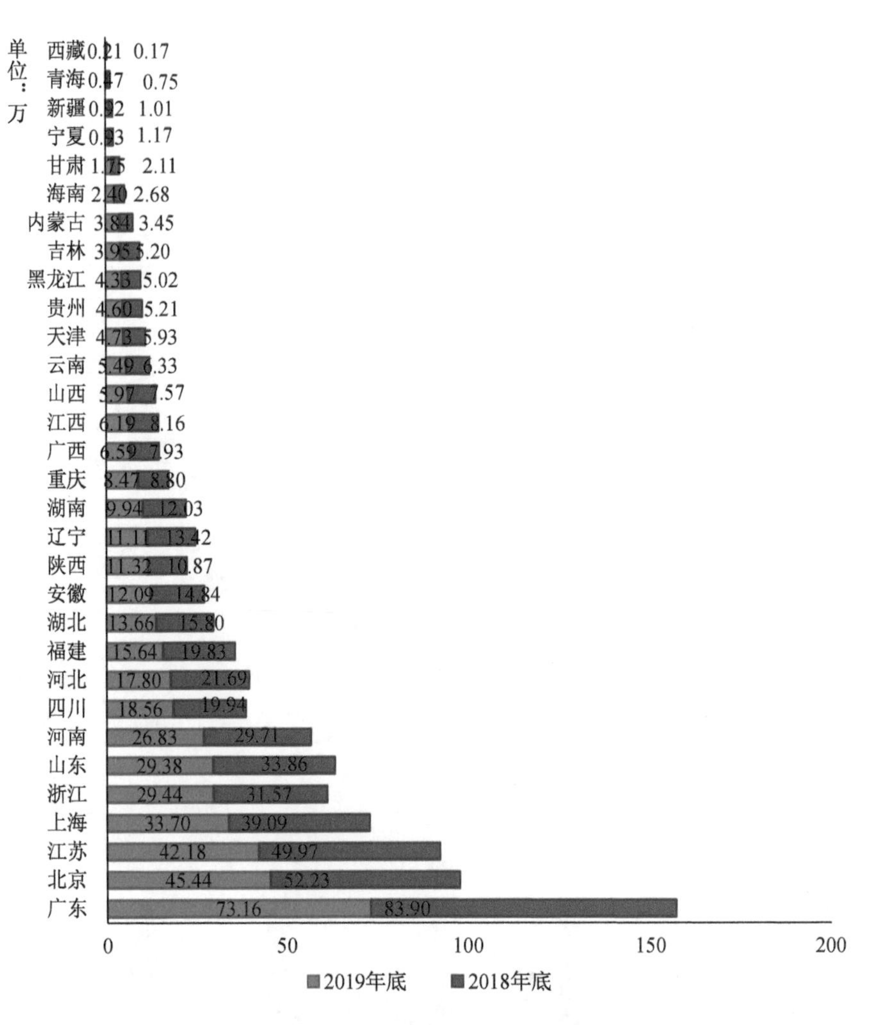

图 2-13 近两年中国网站总量整体分布情况

数据来源:中国互联网协会 2019.12

2. 注册使用的各类独立域名地域分布情况

东部地区网站注册使用的独立域名数量远超中西部地区。我国东部地区网站注册使用的独立域名数量达到 370.46 万个,占中国网站注册使用的独立域名总量的 68.44%。中部地区网站注册使用的独立域名数量达到 96.98 万个,占中国网站注册使用的独立域名总量的 17.92%。西部地区网站注册使用的独立域名数量达到 73.81

万个，占中国网站注册使用的独立域名总量的13.64%。我国东部沿海、中部及西部地区网站注册使用的独立域名总量分布情况及近五年变化情况见图2-14和2-15。

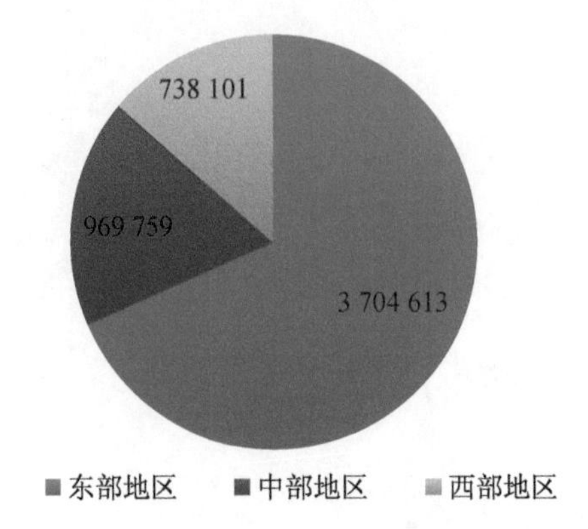

图2-14　2019年中国网站各类独立顶级域名总量地域分布情况

数据来源：中国互联网协会　2019.12

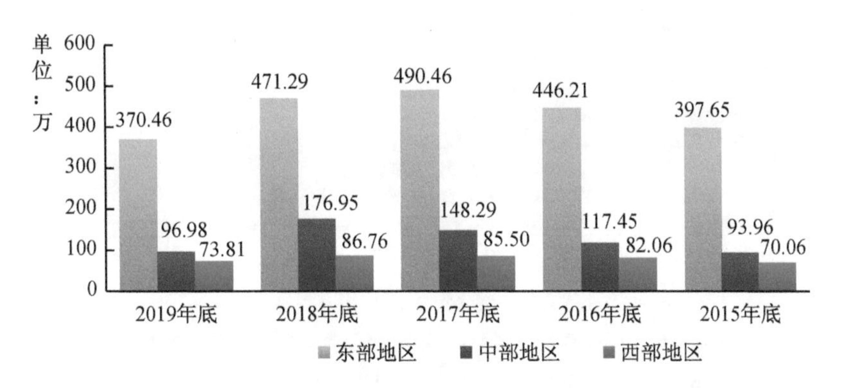

图2-15　近五年中国网各类独立顶级域名总量地域分布变化情况

数据来源：中国互联网协会　2019.12

截至2019年12月底，从各省、区、市网站注册使用的独立域名分布情况来看，广东省网站注册使用的独立域名数量位居全国第一，达到83.52万个，占全国总量的15.43%。排名第二至五位的地区分别为北京(58.81万个)、江苏(50.28万个)、上海(41.56万个)和浙江(37.37万个)。上述五个地区的网站注册使用的独立域名数量271.53万个，占全国独立域名总量的50.16%。注册使用独立域名数量在1万个以内的地区有西藏(2 475个)和青海(5 450个)。近两年各省、区、市网站注册使用的独立域名情况见图2-16。

3. 注册使用“.cn”二级域名地域分布情况

我国东部地区网站注册使用“.cn”二级独立域名数量远超于中、西部地区，达到25.49万个，占“.cn”二级独立域名总量的75.04%。中部地区“.cn”二级独立域名数量达到4.67万个，占“.cn”二级独立域名总量的13.75%。西部地区“.cn”二

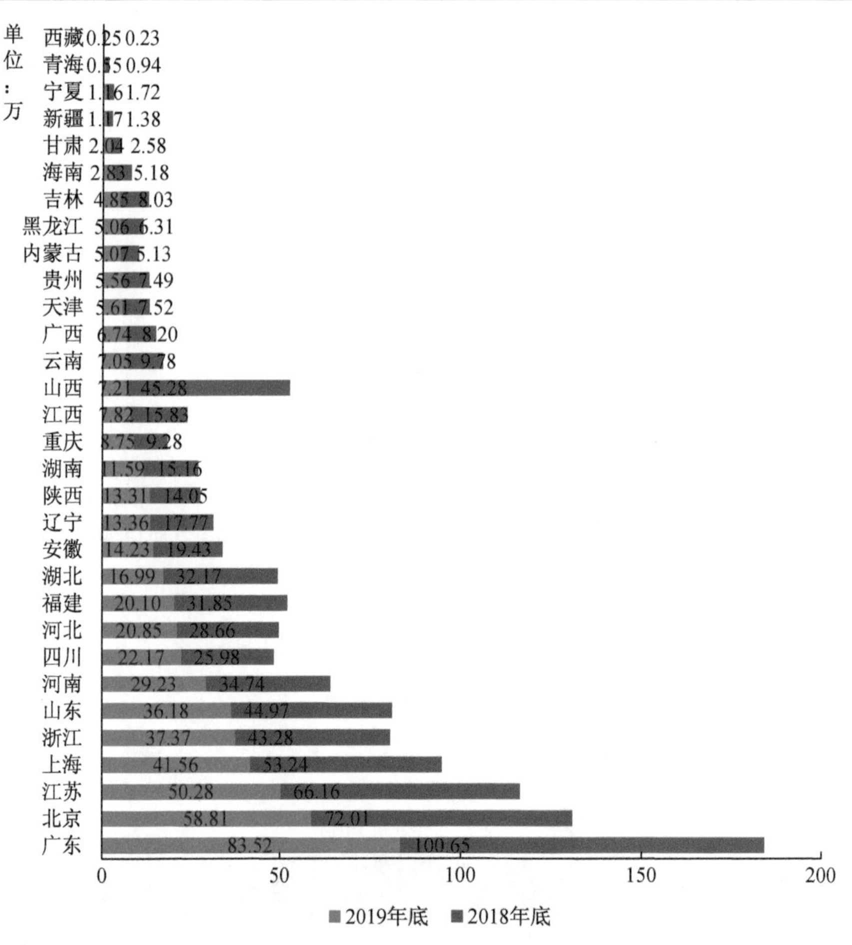

图 2-16　近两年中国网各类独立顶级域名总量整体分布情况

数据来源：中国互联网协会　2019.12

级独立域名数量达到 3.81 万个，占“.cn”二级独立域名总量的 11.21%。我国东部沿海、中部及西部地区网站注册使用“.cn”二级独立域名总量分布情况及近五年变化情况见图 2-17 和 2-18。

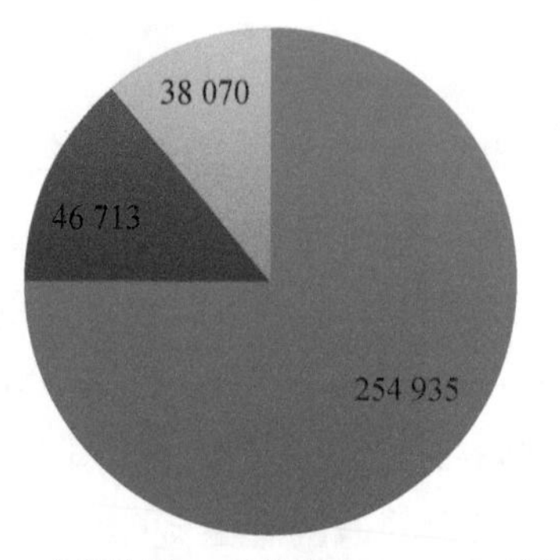

图 2-17　2019 年“.cn”二级域名地域分布情况

数据来源：中国互联网协会　2019.12

截至 2019 年 12 月底，从各省、区、市网站注册使用“.cn”二级独立域名分布情况来看，北京地区网站注册使用“.cn”二级独立域名数量位居全国第一，达到 6.57 万个，占全国注册使用“.cn”二级独立域名数量总量的 19.33%。排名第二至五位的地区分别为广东(5.30 万个)、上海(4.14 万个)、江苏(2.64 万个)和浙江(2.08 万个)。上述五个地区的网站注册使用“.cn”二级独立域名数量 20.71 万个，占全国注册使用“.cn”二级独立域名数量总量

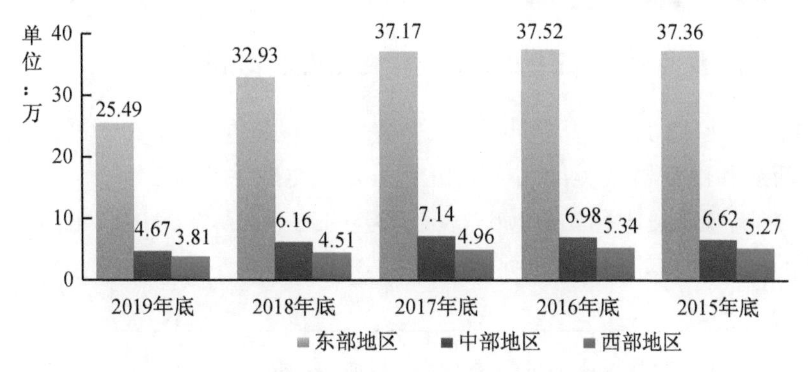

图 2-18　近五年“. cn”二级域名地域分布变化情况

数据来源：中国互联网协会　2019.12

的 60.97%。注册使用“. cn”二级独立域名数量在 1 000 个以内的地区有西藏（314 个）、青海（500 个）、宁夏（770 个）、新疆（974 个）。近两年各省、区、市网站注册使用“. cn”二级独立域名数量整体分布情况见图 2-19。

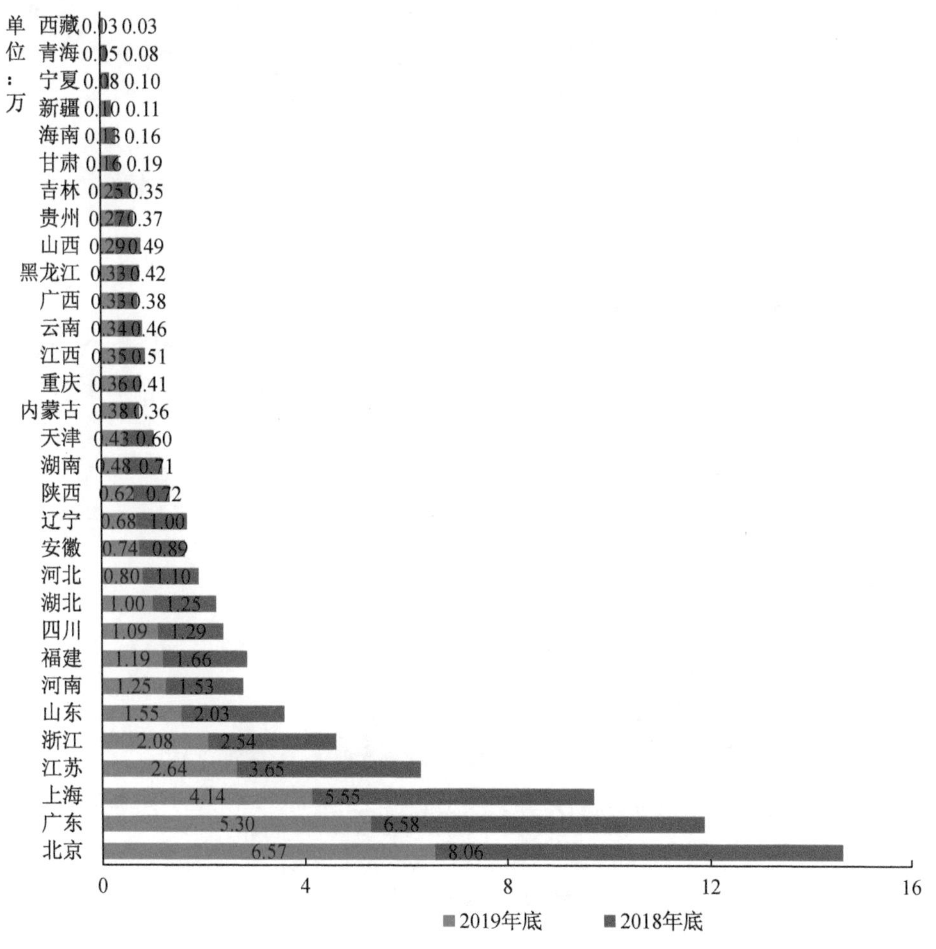

图 2-19　近两年“. cn”二级域名总量整体分布情况

数据来源：中国互联网协会　2019.12

(三)全国涉及各类前置审批的网站历年变化及分布情况

截至2019年12月底,全国涉及各类前置审批的网站达到20 763个,其中数量最多的是药品和医疗器械类网站8 120个。文化类网站9 580个,新闻类网站890个,广播电影电视节目类网站1 106个,出版类网站1 067个。中国网站中涉及各类前置审批的网站情况如图2-20所示。

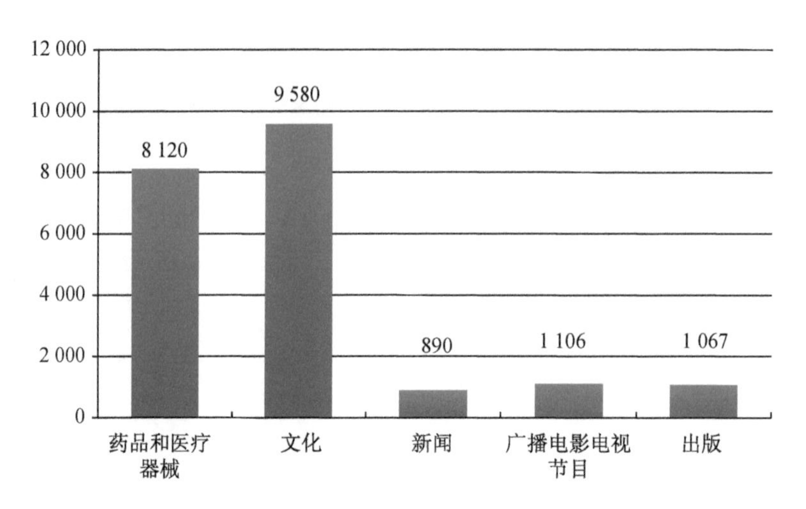

图2-20　截至2019年12月底中国网站中涉及各类前置审批的网站情况

数据来源:中国互联网协会　2019.12

1. 涉及各类前置审批的网站历年变化情况

截至2019年12月底,全国涉及各类前置审批的网站达到20 763个,出版、广播电影电视节目类增长迅速。近三年全国涉及各类前置审批的网站具体变化情况见图2-21。

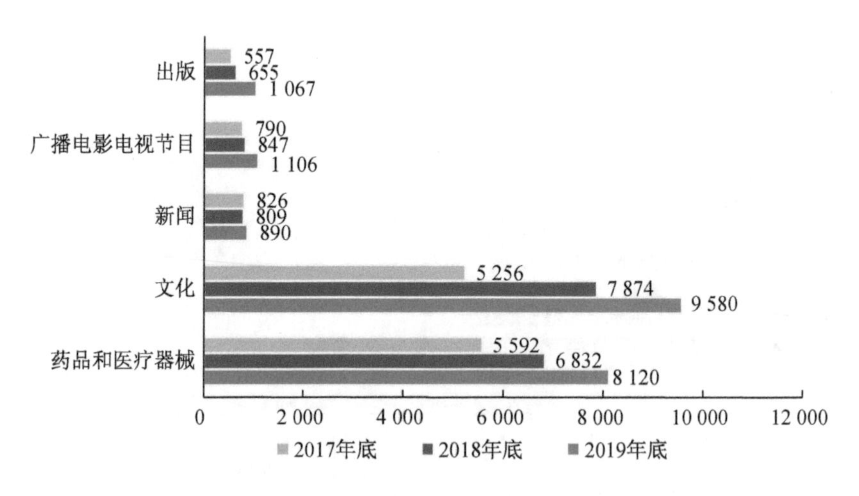

图2-21　近三年全国各涉及各类前置审批的网站具体变化情况

数据来源:中国互联网协会　2019.12

2. 药品和医疗器械类网站历年变化及分布情况

近五年，药品和医疗器械类网站逐年递增，截至2019年12月底，药品和医疗器械类网站8 120个，较2018年底增长1 288个，同比增长18.85%，具体情况见图2-22。

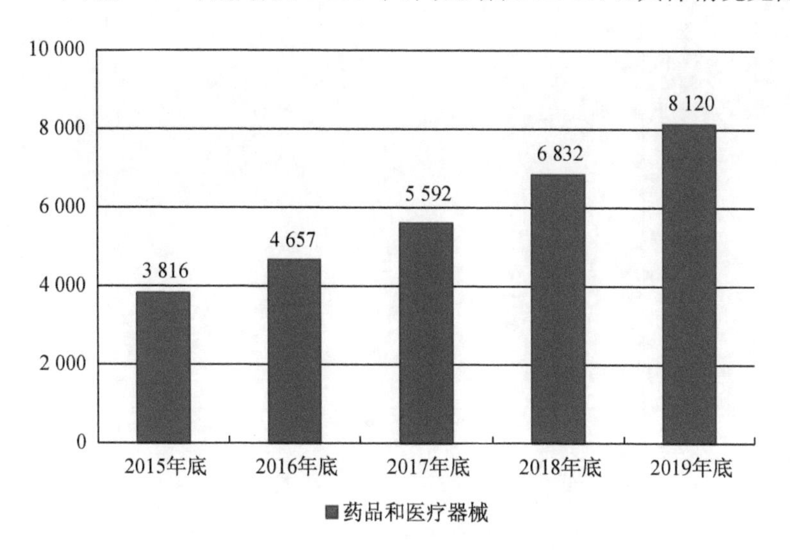

图2-22　近五年药品和医疗器械类网站变化情况

数据来源：中国互联网协会　2019.12

从各省、区、市的药品和医疗器械类网站分布情况来看，山东省药品和医疗器械类网站数量位居全国第一，达到2 510个，占全国药品和医疗器械类网站总量的30.19%。排名第二至五位的地区分别为广东（1 346个）湖北（393个）。四川（383个）和上海（350个）。上述五省市药品和医疗器械类网站数量4 982个，占全国药品和医疗器械类网站总量的61.35%。属地内药品和医疗器械类网站数量在10个以内的地区有西藏（7个）、新疆（7个）、青海（9个）。药品和医疗器械类网站在各省、区、市的分布情况见图2-23。

3. 文化类网站历年变化及分布情况

近五年，文化类网站逐年递增，截至2019年12月底，文化类网站达到9 580个，较2018年底增长1 706个，同比增长近21.67%，具体情况见图2-24。

从各省、区、市的文化类网站的分布情况来看，广东省文化类网站数量位居全国第一，达到3 626个，占全国文化类网站总量的37.85%。排名第二至五位的地区分别为浙江（1 745个）、上海（711个）、湖北（427个）和江苏（426个）。上述五省市文化类网站数量6 935个，占全国文化类网站总量的72.93%。属地内文化类网站数量在10个以内的地区有青海（1个）、西藏（2个）和宁夏（7个）。文化类网站在各省、区、市的分布情况见图2-25。

4. 出版类网站历年变化及分布情况

近五年，出版类网站逐年递增，截至2019年12月底，出版类网站1 067个，较2018年底增长412个，同比增长62.90%，具体情况见图2-26。

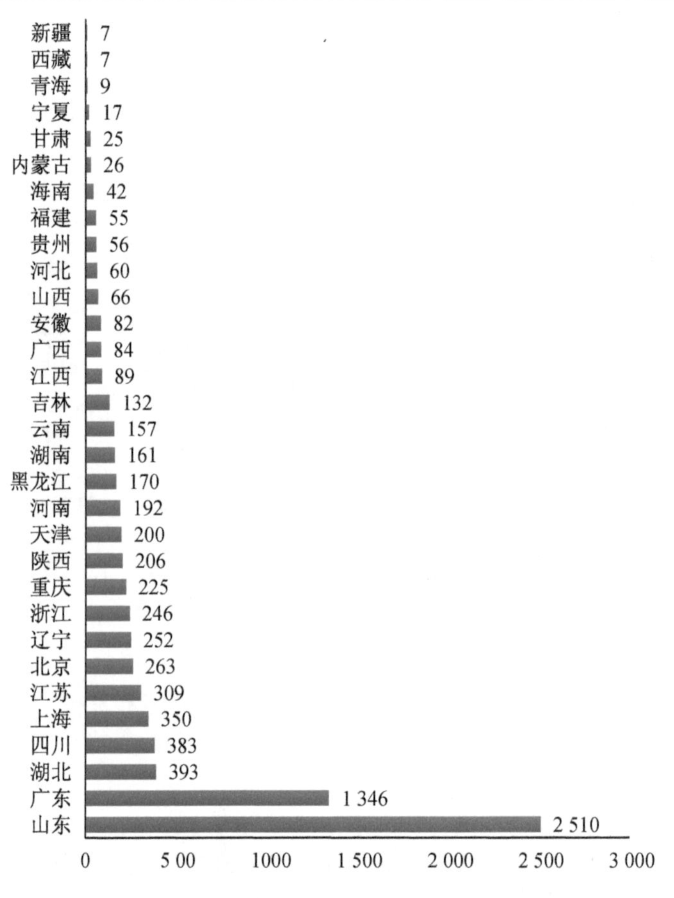

图 2-23　2019 年药品和医疗器械类网站分布情况

数据来源:中国互联网协会　2019.12

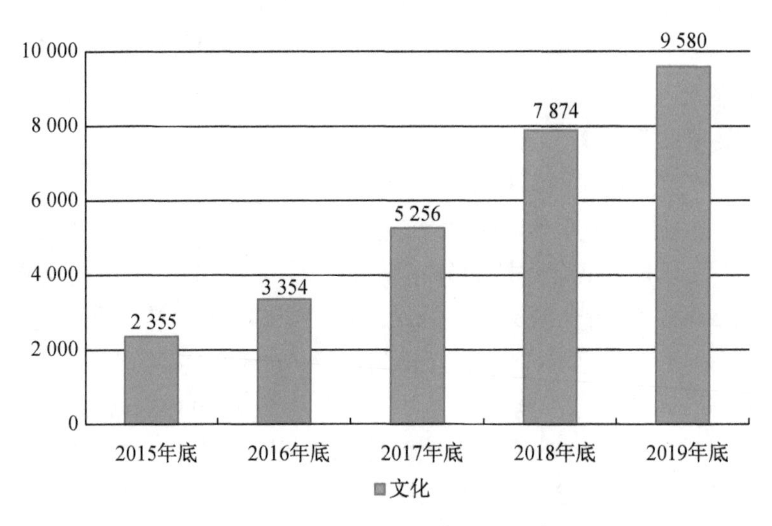

图 2-24　近五年文化类网站变化情况

数据来源:中国互联网协会　2019.12

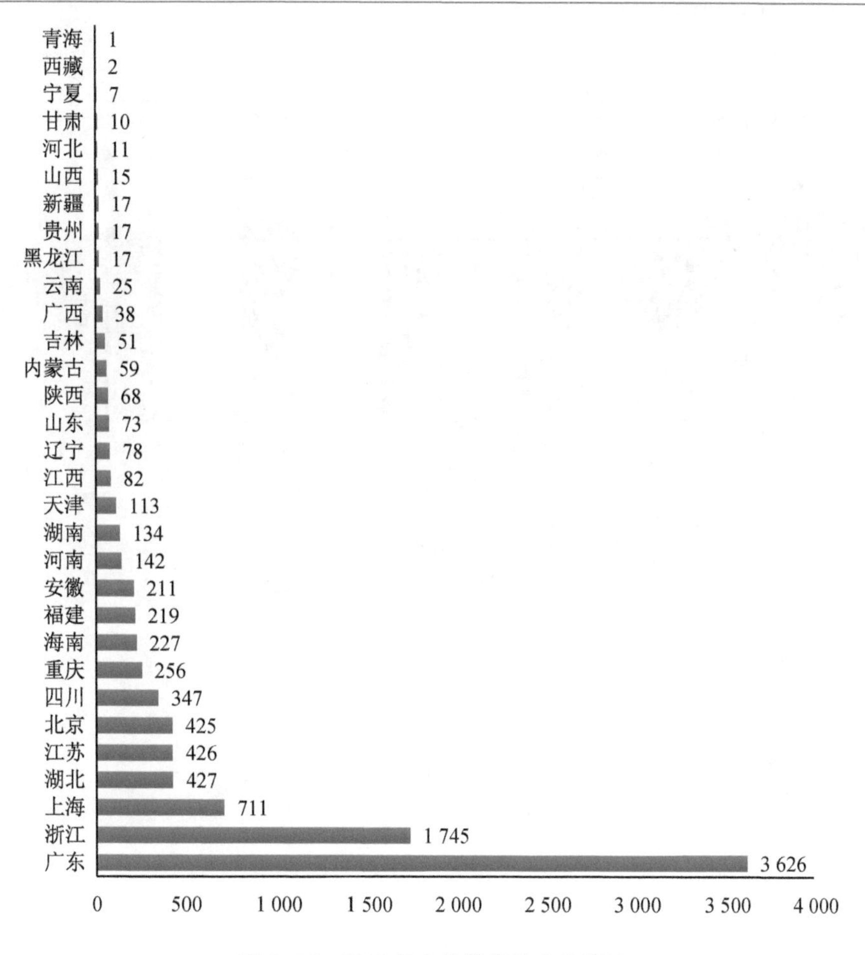

图 2-25　2019 年文化类网站分布情况

数据来源：中国互联网协会　2019.12

从各省、区、市的出版类网站分布情况来看，山东省出版类网站数量位居全国第一，达到 408 个，占全国出版类网站总量的 38.24%。排名第二至五位的地区分别为北京（95 个）、广东（92 个）、湖北（89 个）和上海（46 个）。上述五省市出版类网站数量共计 730 个，占全国出版类网站总量的 38.42%。属地内尚无出版类网站的地区是西藏。出版类网站在各省、区、市的分布情况见图 2-27。

5. 新闻类网站历年变化及分布情况

近五年，新闻类网站呈先上升后下降再上升趋势，截至 2019 年 12 月底，新闻类网站 890 个，较 2018 年底增加 81 个，同比上升 10.01%，具体情况见图 2-28。

从各省、区、市的新闻类网站分布情况来看，内蒙古自治区新闻类网站数量位居全国第一，达到 70 个，占全国新闻类网站总量的 7.87%。排名第二至五位的地区分别为山东（67 个）、四川（65 个）、浙江（61 个）和广东（58 个）。上述五省市新闻类网站数量共计 321 个，占全国新闻类网站总量的 36.07%。属地内新闻类网站数量不足 5 个的地区为西藏（4 个）、海南（4 个）。新闻类网站数量在各省、区、市的分布情况见图 2-29。

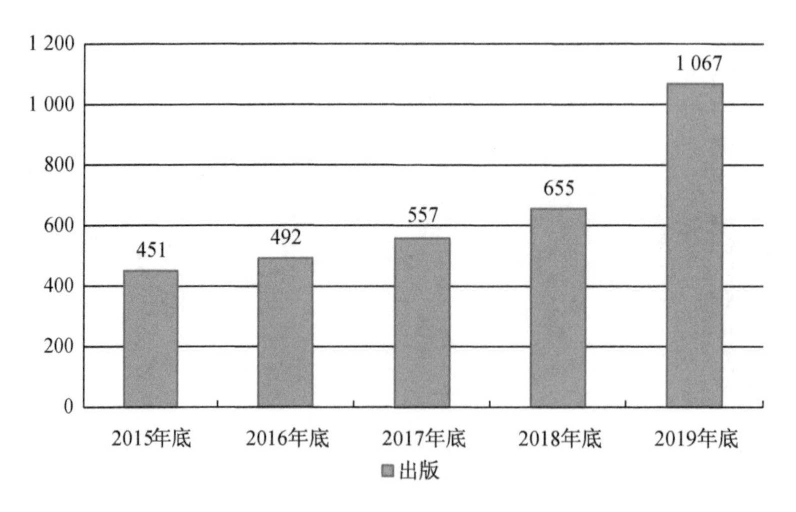

图 2-26　近五年出版类网站变化情况

数据来源:中国互联网协会　2019.12

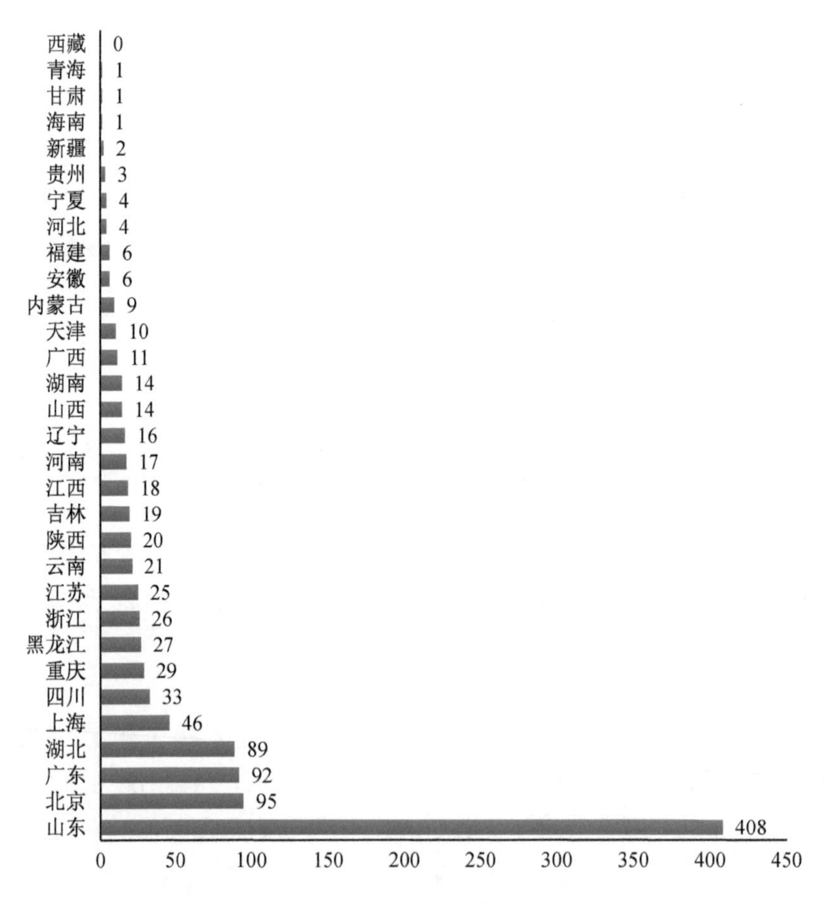

图 2-27　2019 年出版类网站分布情况

数据来源:中国互联网协会　2019.12

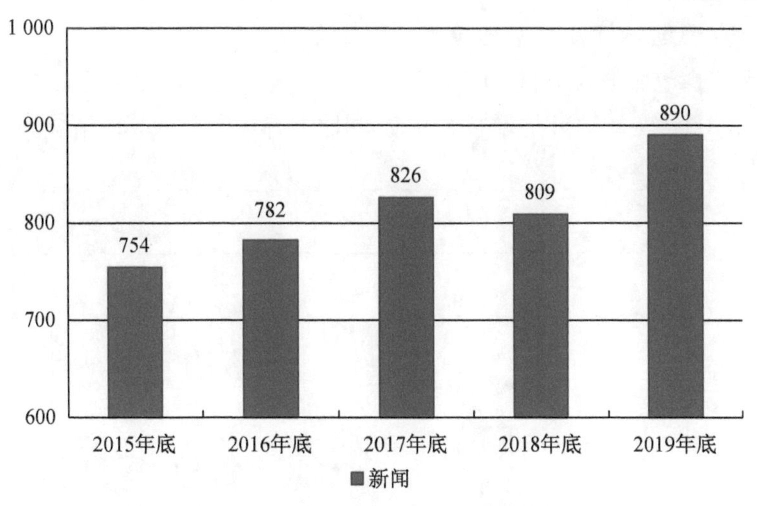

图 2-28　近五年新闻类网站变化情况

数据来源:中国互联网协会　2019.12

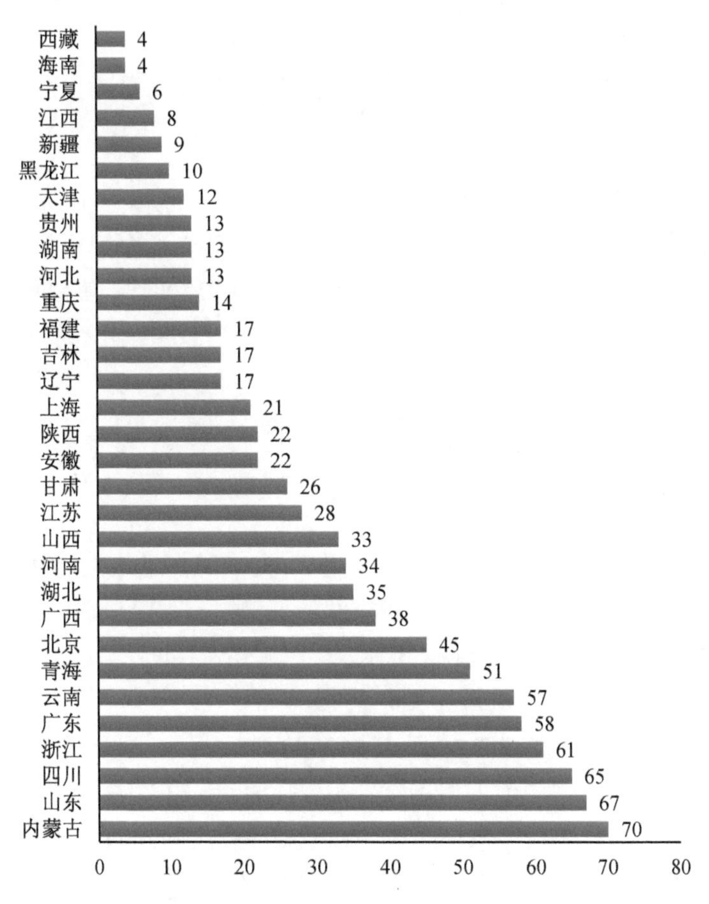

图 2-29　2019 年新闻类网站分布情况

数据来源:中国互联网协会　2019.12

6. 广播电影电视节目类网站历年变化及分布情况

近五年,广播电影电视节目类网站逐年递增,截至 2019 年 12 月底,广播电影电视节目类网站 1 106 个,较 2018 年底增长 259 个,同比上升 30.58%,具体情况见图 2-30。

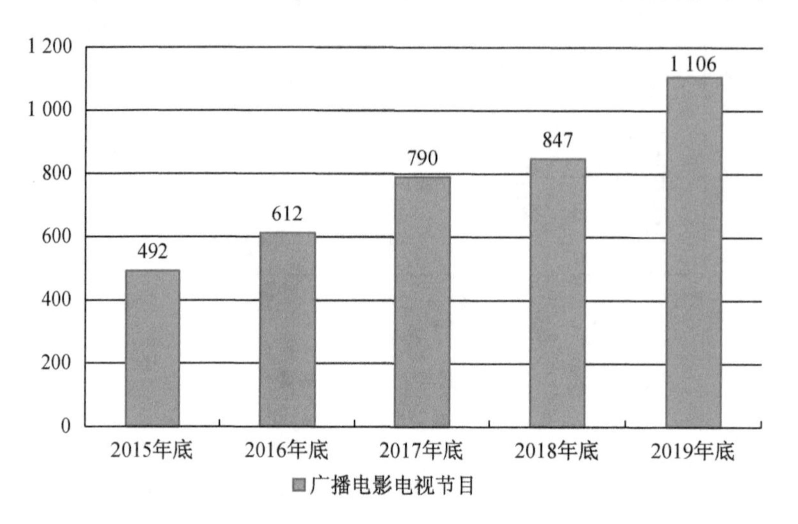

图 2-30　近五年广播电影电视节目类网站变化情况

数据来源:中国互联网协会　2019.12

从各省、区、市的广播电影电视节目类网站分布情况来看,山东省广播电影电视节目类网站数量位居全国第一,达到 302 个,占全国广播电影电视节目类网站总量的 27.31%。排名第二至五位的地区分别为北京(120 个)、浙江(108 个)、广东(91 个)和重庆(74 个)。上述五省市广播电影电视节目类网站数量共计 695 个,占全国视听类网站总量的 62.84%。属地内尚无广播电影电视节目类网站的地区为青海。广播电影电视节目类网站在各省、区、市的分布情况见图 2-31。

(四) 中国网站主办者组成及历年变化情况

中国网站主办者由单位、个人两类主体组成,受国家信息化发展和促进信息消费等政策的影响,企业和个人举办网站的积极性最高,数量最多。2019 年随着网站规范化的整治,各类网站数量均有所下降。2019 年中国网站主办者组成情况见图 2-32。

1. 中国网站主办者组成及历年变化情况

中国网站中主办者性质为“企业”的网站达到 346.11 万个,较 2018 年底降低 43.02 万个;主办者性质为“个人”的网站 85.87 万个,较 2018 年底减少 24.14 万个;主办者性质为“事业单位”“政府机关”“社会团体”的网站较 2018 年底相比均有所减少。近三年来各类网站主办者举办的网站情况见图 2-33。

2.“企业”网站历年变化及分布情况

近五年,“企业”网站数量呈先上升后下降趋势。截至 2019 年 12 月底,“企业”网站 346.11 万个,较 2018 年底减少 43.02 万个,同比降低 11.06%,具体情况见图 2-34。

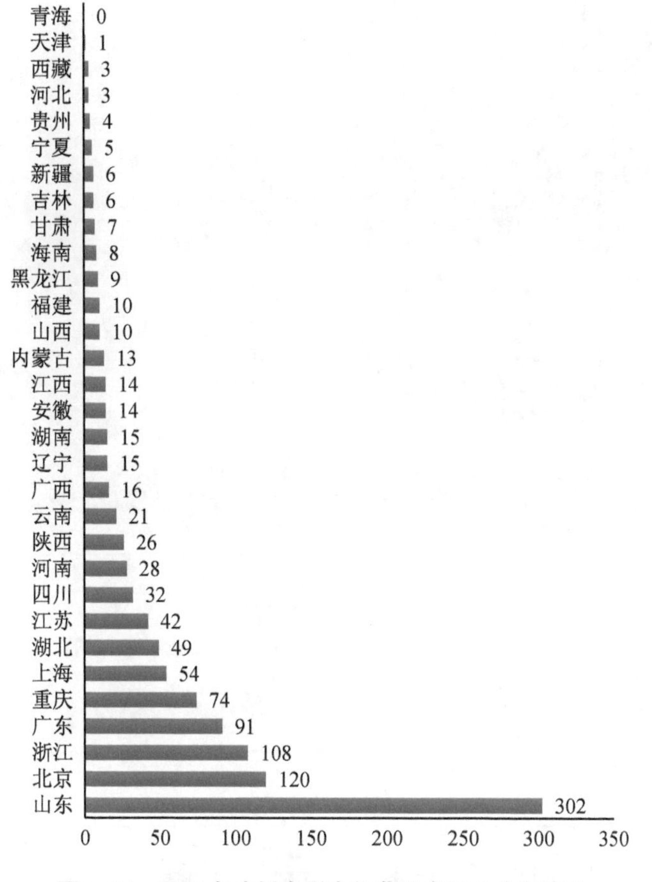

图 2-31　2019 年广播电影电视节目类网站分布情况

数据来源：中国互联网协会　2019.12

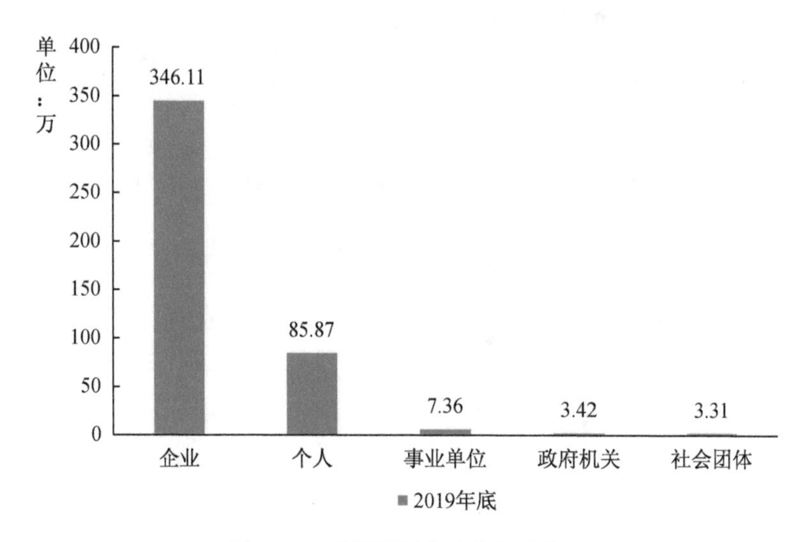

图 2-32　中国网站主办者组成情况

数据来源：中国互联网协会　2019.12

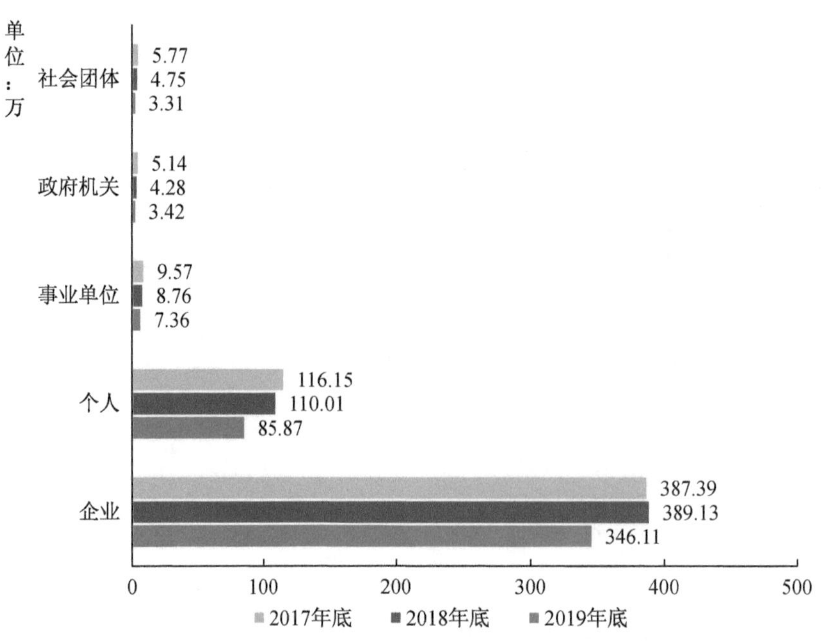

图 2-33　近三年中国网站主办者组成及历年变化情况

数据来源：中国互联网协会　2019.12

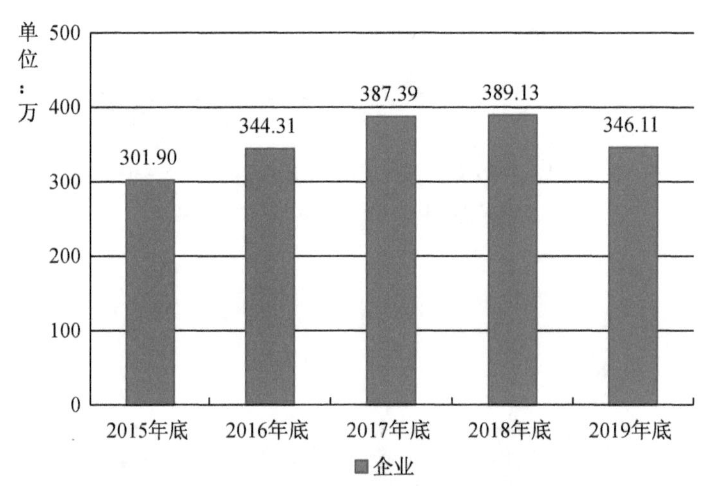

图 2-34　近五年“企业”网站变化情况

数据来源：中国互联网协会　2019.12

从中国网站主办者性质为“企业”的网站分布情况来看，广东省主办者性质为“企业”的网站数量位居全国第一，达到 61.29 万个，占全国主办者性质为“企业”的网站总量的 17.71%。排名第二至五位的地区分别为江苏(34.71 万个)、北京(32.87 万个)、上海(30.11 万个)和山东(24.01 万个)。上述五省市主办者性质为“企业”的网站数量达到 182.99 万个，占全国主办者性质为“企业”的网站总量的 52.87%。网站数量在 1 万个以内的地区有西藏(1 704 个)、青海(3 241 个)、宁夏(6 954个)、新疆(7 531 个)。主办者性质为“企业”的网站数量在各省、区、市分布情

况见图 2-35。

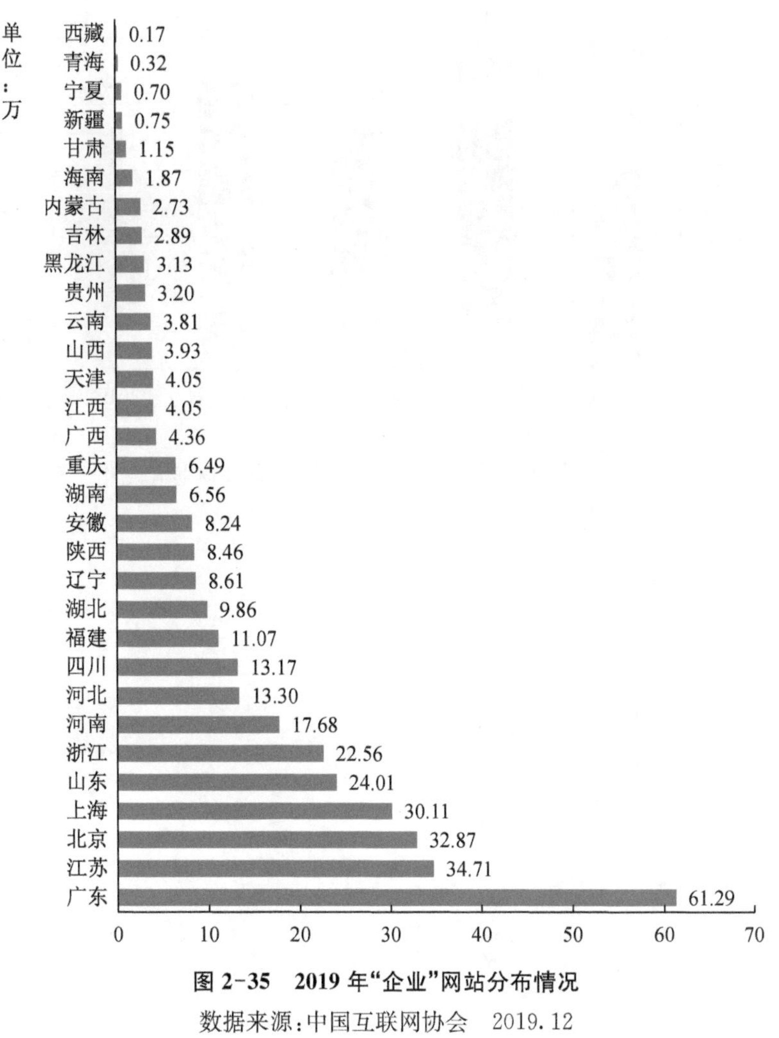

图 2-35　2019 年“企业”网站分布情况

数据来源：中国互联网协会　2019.12

3.“事业单位”网站历年变化及分布情况

近五年，“事业单位”网站数量整体呈下降趋势。截至 2019 年 12 月底，“事业单位”网站 7.36 万个，较 2018 年底减少 1.40 万个，同比下降 15.99%，具体情况见图 2-36。

从中国网站主办者性质为“事业单位”的网站分布情况来看，江苏省主办者性质为“事业单位”的网站数量位居全国第一，达到 7 437 个，占全国主办者性质为“事业单位”网站总量的 10.11%。排名第二至五位的地区分别为北京(6 148 个)、广东(5 322 个)、浙江(4 756 个)和山东(4 607 个)。上述五省市主办者性质为“事业单位”的网站数量 2.83 万个，占全国主办者性质为“事业单位”的网站总量的 38.43%。属地内主办者性质为“事业单位”的网站数量在 500 个以内的地区有西藏(101 个)、宁夏(314 个)、青海(328 个)和海南(435 个)。主办者性质为“事业单位”的网站数量在各省、区、市的分布情况见图 2-37。

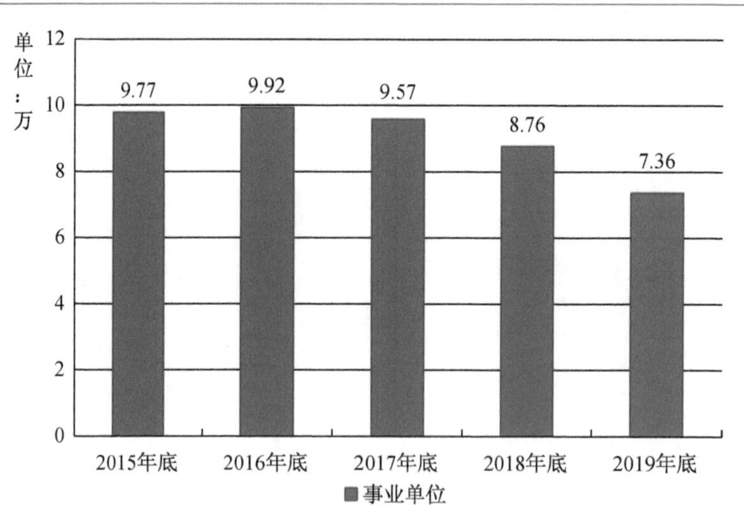

图 2-36 近五年“事业单位”网站变化情况

数据来源：中国互联网协会 2019.12

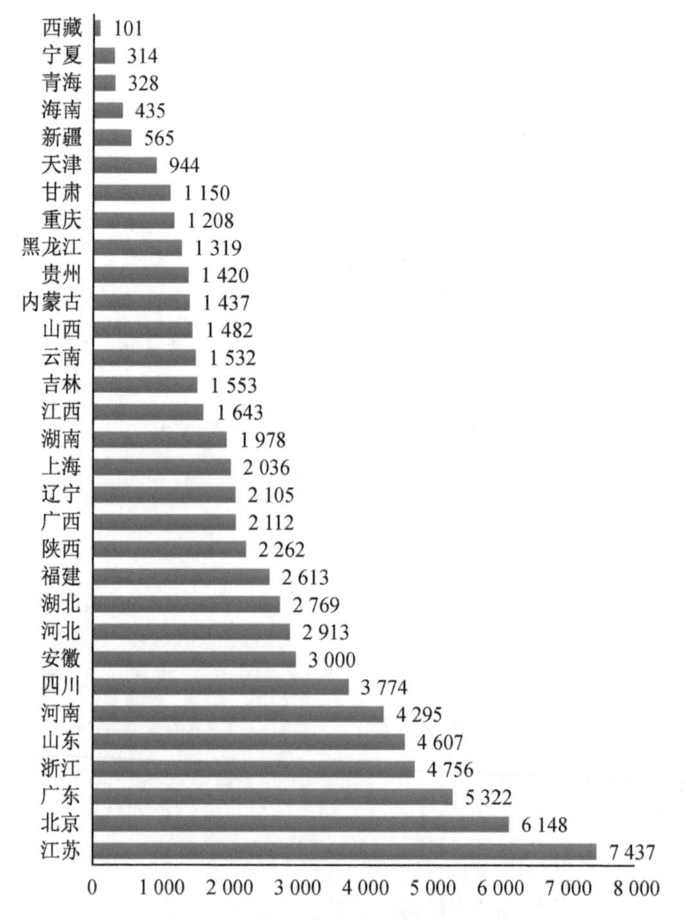

图 2-37 2019 年“事业单位”网站分布情况

数据来源：中国互联网协会 2019.12

4. “政府机关”网站历年变化及分布情况

近五年“政府机关”网站数量逐年递减，截至 2019 年 12 月底，“政府机关”网站 3.42 万个，较 2018 年底减少 0.86 万个，同比下降 20.13%，具体情况见图 2-38。

图 2-38　近五年“政府机关”网站变化情况

数据来源：中国互联网协会　2019.12

从中国网站主办者性质为“政府机关”的网站分布情况来看，山东省主办者性质为“政府机关”的网站数量位居全国第一，达 2 319 个，占全国主办者性质为“政府机关”网站总量的 6.79%。排名第二至五位的地区分别为河南（2 314 个）、江苏（2 200 个）、广东（2 004 个）和四川（1 934 个）。上述五省市主办者性质为“政府机关”的网站数量 1.08 万个，占全国主办者性质为“政府机关”的网站总量的 31.52%。属地内主办者性质为“政府机关”的网站数量在 300 个以内的地区有西藏（211 个）、宁夏（298 个）。主办者性质为“政府机关”的网站在各省、区、市的分布情况见图 2-39。

5. “社会团体”网站历年变化及分布情况

近五年，“社会团体”网站数量整体呈下降趋势，截至 2019 年 12 月底，“社会团体”网站 3.31 万个，较 2018 年底减少 1.44 万个，同比下降 30.32%，具体情况见图 2-40。

从中国网站主办者性质为“社会团体”的网站分布情况来看，广东市主办者性质为“社会团体”的网站数量位居全国第一，达到 4 544 个，占全国主办者性质为“社会团体”网站总量的 13.72%。排名第二至五位的地区分别为北京（4 171 个）、江苏（2 544 个）、河南（2 258 个）和山东（2 243 个）。上述五省市主办者性质为“社会团体”的网站数量共计 1.58 万个，占全国主办者性质为“社会团体”的网站总量的 47.58%。属地内主办者性质为“社会团体”的网站数量在 100 个以内的地区为西藏（17 个）、青海（73 个）。主办者性质为“社会团体”的网站在各省、区、市的分布情况见图 2-41。

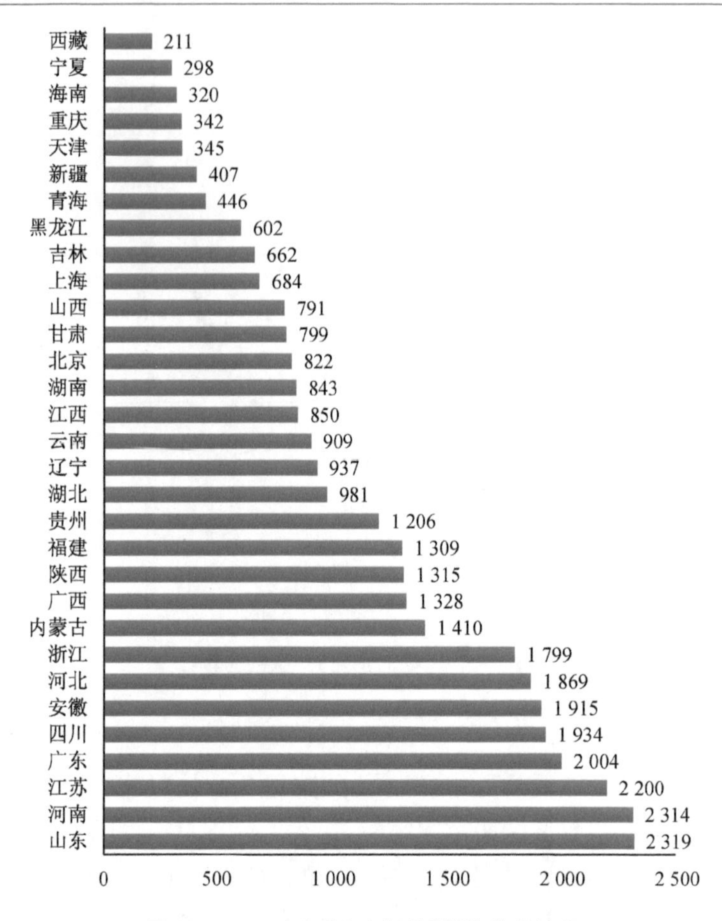

图 2-39　2019 年“政府机关”网站分布情况

数据来源:中国互联网协会　2019.12

图 2-40　近五年“社会团体”网站变化情况

数据来源:中国互联网协会　2019.12

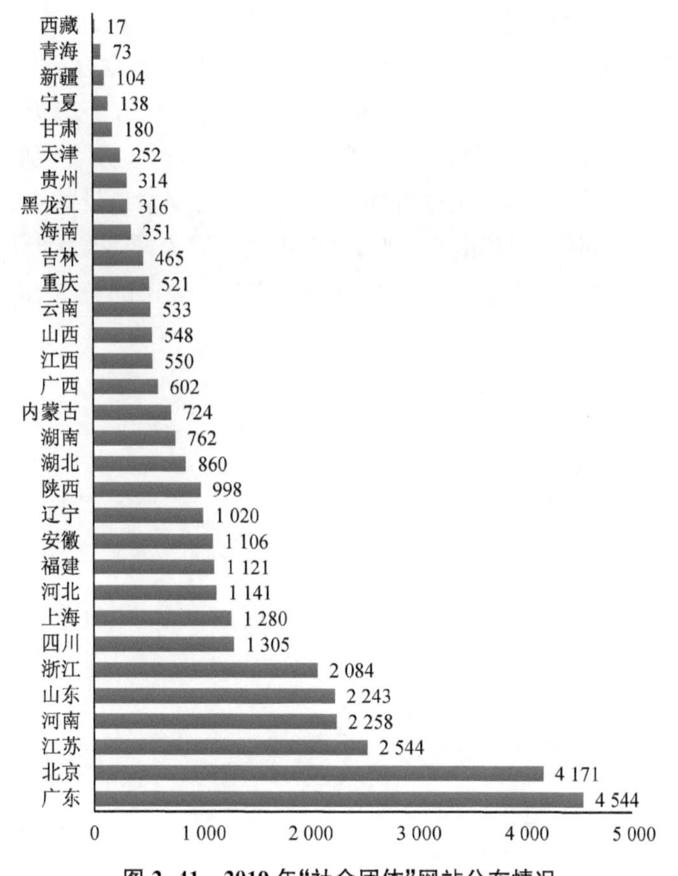

图 2-41　2019 年“社会团体”网站分布情况

数据来源：中国互联网协会　2019.12

6.“个人”网站历年变化及分布情况

近五年，“个人”网站数量呈先上升后下降趋势，截至 2019 年 12 月底，“个人”网站 85.87 万个，较 2018 年底降低 24.14 万个，同比降低 21.94%，具体情况见图 2-42。

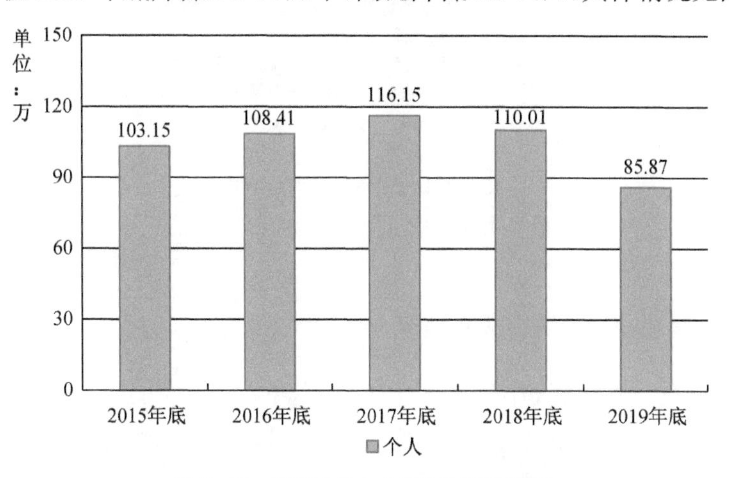

图 2-42　近五年“个人”网站变化情况

数据来源：中国互联网协会　2019.12

从中国网站主办者性质为"个人"的网站分布情况来看，北京市主办者性质为"个人"的网站数量位居全国第一，达到11.09万个，占全国主办者性质为"个人"的网站总量的12.91%。排名第二至五位的地区分别为广东(10.25万个)、河南(7.30万个)、江苏(5.94万个)和浙江(5.80万个)。上述五省市主办者性质为"个人"的网站数量共计40.37万个，占全国主办者性质为"个人"的网站总量的47.02%。属地内主办者性质为"个人"的网站数量在1 000个以内的地区为西藏(30个)、新疆(416个)和青海(448个)。主办者性质为"个人"的网站在各省、区、市的分布情况见图2-43。

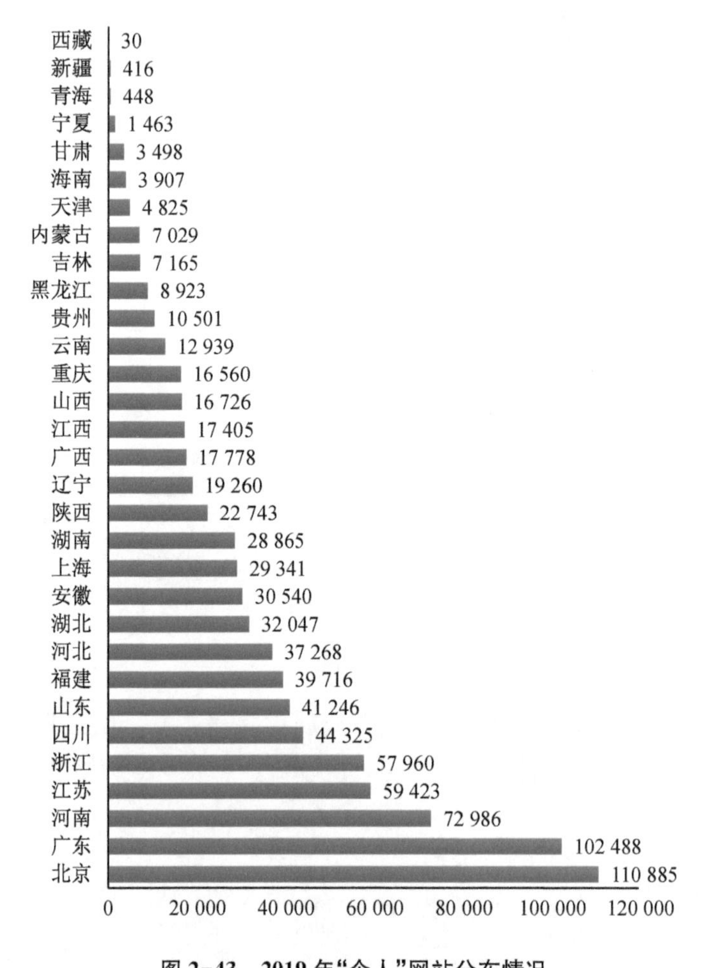

图2-43　2019年"个人"网站分布情况

数据来源：中国互联网协会　2019.12

(五) 中国网站使用的语言分布情况

截至2019年12月底，中国网站中除简体中文网站418.62万个、英语网站27.08万个、繁体中文网站6.49万个之外，使用其他语言网站1.11万个，较2018年底减少294个，其中包含法语、藏语、维吾尔语、蒙古语、哈萨克语、柯尔克孜语、西

班牙语、日语、俄罗斯语等 14 种语言。中国网站语言的多样性，促进了中国人民的对外友好交往和中国改革开放的伟大事业。

（六）从事网站接入服务的接入服务商总体情况

1. 接入服务商总体情况

近五年，从事中国网站接入服务的接入服务商数量逐年递增，截至 2019 年 12 月底，从事中国网站接入的接入服务商 1 393 家，同比年度净增长 39 家。具体情况见图 2-44。

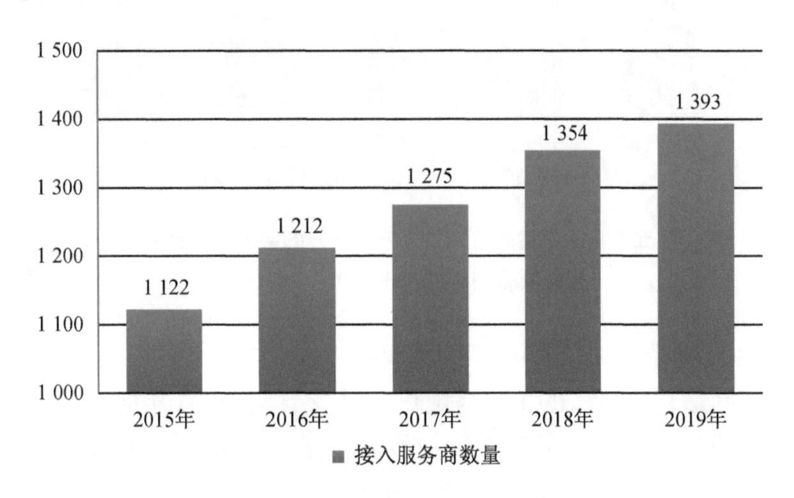

图 2-44　近五年中国接入服务商数量变化情况

数据来源：中国互联网协会　2019. 12

截至 2019 年 12 月底，中国接入服务商数量最多的地区为北京（283 个），排名第二至五位的地区为广东（174 个）、上海（136 个）、江苏（116 个）和山东（64 个），2019 年中国接入服务商地域分布情况见图 2-45。

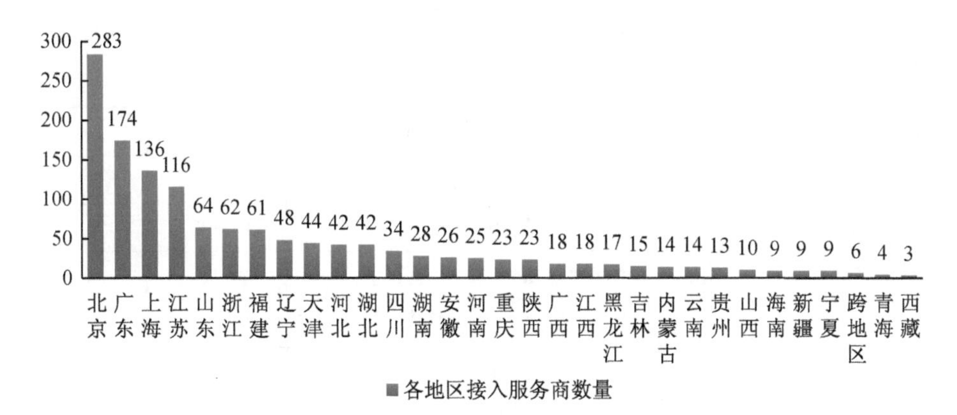

图 2-45　2019 年中国接入服务商地域分布情况

数据来源：中国互联网协会　2019. 12

截至2019年12月底，接入网站数量超过1万个的接入服务商34家，较2018年底减少7家；接入网站数量超过3万个的接入服务商15家，较2018年底减少2家。按接入服务商注册所在地统计，接入服务商在各省、区、市的分布情况见图2-46。

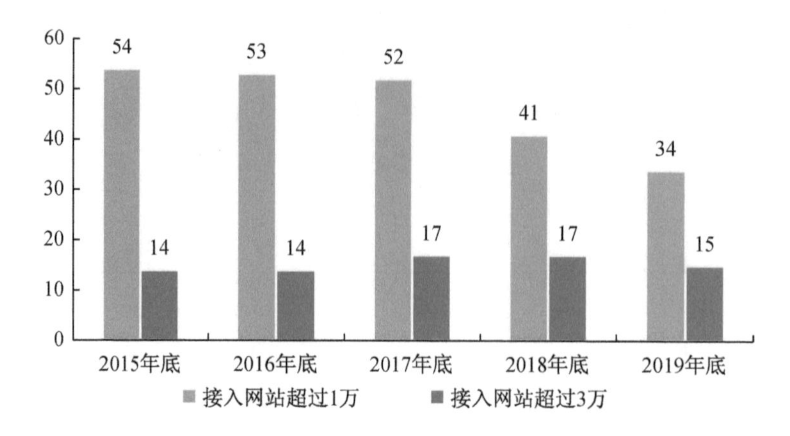

图2-46　近五年接入备案网站超过1万和3万的接入服务商数量变化情况

数据来源：中国互联网协会　2019.12

2. 接入网站数量排名前20的接入服务商

接入备案网站数量最多的单位是阿里云计算有限公司，共接入191.47万个网站，占接入备案网站总量的41.70%。在接入备案网站数量位居前20的接入服务商中，北京的接入服务商4家，广东、福建各3家，上海2家，安徽、河北、河南、黑龙江、江苏、陕西、四川、浙江各1家，具体情况见表2-2。

表2-2　2019年接入网站数量排名前20的接入服务商

序号	接入商所在省	单位名称	网站数量	所占百分比
1	浙江省	阿里云计算有限公司	1 914 692	41.70%
2	广东省	腾讯云计算(北京)有限责任公司	346 932	7.56%
3	四川省	成都西维数码科技有限公司	246 088	5.36%
4	北京市	北京百度网讯科技有限公司	245 408	5.35%
5	河南省	郑州市景安网络科技股份有限公司	244 660	5.33%
6	北京市	北京新网数码信息技术有限公司	140 327	3.06%
7	北京市	北京中企网动力数码科技有限公司	88 227	1.92%
8	上海市	上海美橙科技信息发展有限公司	77 062	1.68%
9	福建省	厦门三五互联科技股份有限公司	69 258	1.51%
10	上海市	优刻得科技股份有限公司	67 750	1.48%
11	广东省	广东金万邦科技投资有限公司	46 160	1.01%

（续表）

序号	接入商所在省	单位名称	网站数量	所占百分比
12	北京市	中企网动力（北京）科技有限公司	35 487	0.77%
13	江苏省	江苏邦宁科技有限公司	33 719	0.73%
14	河北省	华为软件技术有限公司	29 993	0.65%
15	福建省	漳州市比比网络服务有限公司	21 414	0.47%
16	安徽省	网新科技集团有限公司	21 083	0.46%
17	陕西省	西安天互通信有限公司	20 498	0.45%
18	黑龙江省	龙采科技集团有限责任公司	18 788	0.41%
19	广东省	佛山市亿动网络有限公司	16 920	0.37%
20	福建省	厦门商中在线科技股份有限公司	16 859	0.37%

数据来源：中国互联网协会　2019.12

第三部分　中国网站分类统计

(本节数据来源:天津市国瑞数码安全系统股份有限公司)

摘要:本部分主要对境内已完成 ICP 备案且可访问的网站及域名,按照中国国民经济行业分类(GB/T 4754—2017)进行分类,从行业细分、分布地区、网站主体性质、域名接入商、域名访问量等多个维度分析各行业网站及域名的发展状况、地区分布及发展趋势。

网站属性及行业分类以网站分类知识库为基础,采用信息获取技术、信息预处理技术、特征提取技术、分类技术等,对网站内容进行获取和分析,实现将互联网站按照国民经济行业、网站内容、网站规模等相关维度进行分类管理,辅以人工研判和修订,为网站内容动态监测和全面掌握网站信息提供有效技术手段。

(一) 全国网站内容分析

1. 按国民经济行业分类网站情况

截至 2019 年底,ICP 备案库中可访问网站共计 217.75 万个,按照国民经济行业分类,其中数量最多的前五行业是信息传输、软件和信息技术服务业网站 68.33 万个,制造业网站 43.69 万个,批发和零售业网站 14.48 万个,租赁和商务服务业网站 11.68 万个,科学研究和技术服务业网站 10.60 万个,具体分类情况如图 3-1 所示。

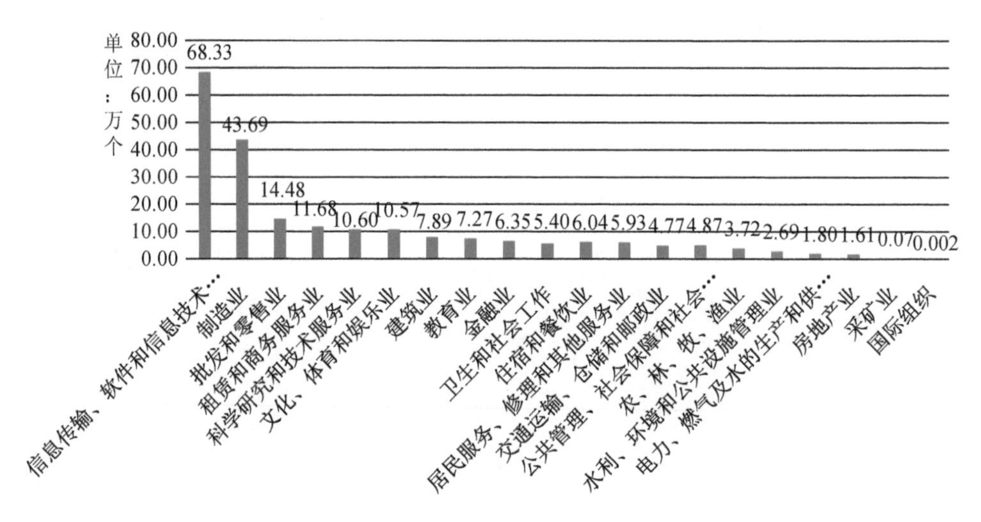

图 3-1　中国国民经济行业 ICP 备案网站数量统计

2. 按国民经济行业分类网站历年变化情况

较 2018 年底,2019 年底 ICP 备案库可访问网站数量增加 5.43 万个,同比增长

2.56%；近三年呈先下降后上升的趋势。具体变化情况如图 3-2 所示。

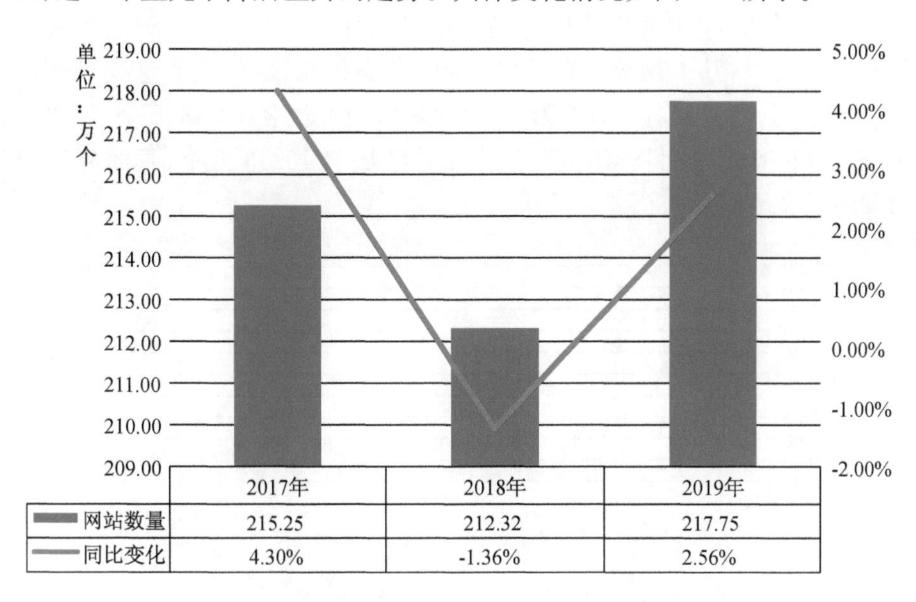

	2017年	2018年	2019年
网站数量	215.25	212.32	217.75
同比变化	4.30%	-1.36%	2.56%

图 3-2　中国国民经济行业 ICP 备案网站总量变化情况

按照国民经济行业分类，其中数量最多的前五行业，信息传输、软件和信息技术服务业网站，较 2018 年底减少 0.43 万个，同比减少 0.62%；制造业网站，较 2018 年底增加 6.28 万个，同比增加 16.77%；批发和零售业网站，较 2018 年底减少 360 个，同比减少 0.25%；租赁和商务服务业网站，较 2018 年底减少 835 个，同比减少 0.71%；科学研究和技术服务业网站，较 2018 年底减少 379 个，同比减少 0.36%。具体变化如图 3-3 所示。

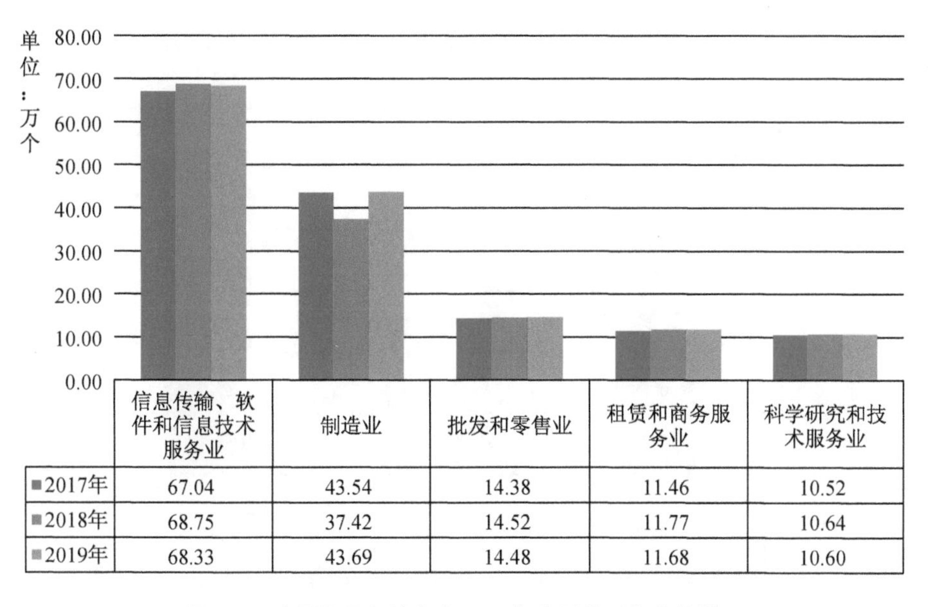

	信息传输、软件和信息技术服务业	制造业	批发和零售业	租赁和商务服务业	科学研究和技术服务业
2017年	67.04	43.54	14.38	11.46	10.52
2018年	68.75	37.42	14.52	11.77	10.64
2019年	68.33	43.69	14.48	11.68	10.60

图 3-3　中国国民经济行业 ICP 备案网站历年变化情况

3. 按国民经济行业分类域名情况

截至2019年底,ICP备案库中可访问域名共计264.57万个,对这些域名按照国民经济行业分类,其中数量排前五的行业是信息传输、软件和信息技术服务业域名87.18万个,制造业域名50.19万个,批发和零售业域名17.43万个,租赁和商务服务业域名14.01万个,科学研究和技术服务业域名13.13万个,具体分类情况如图3-4所示。

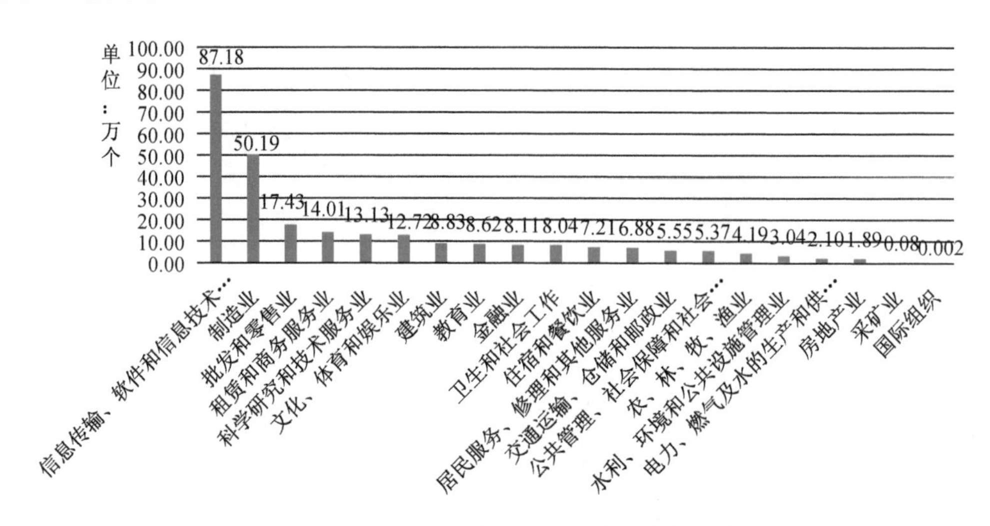

图3-4 中国国民经济行业ICP备案域名数量统计

4. 按国民经济行业分类域名历年变化情况

较2018年底,2019年底ICP备案库可访问域名增加7.31万个,同比增长2.84%,近三年呈先下降后上升的趋势。变化情况如图3-5所示。

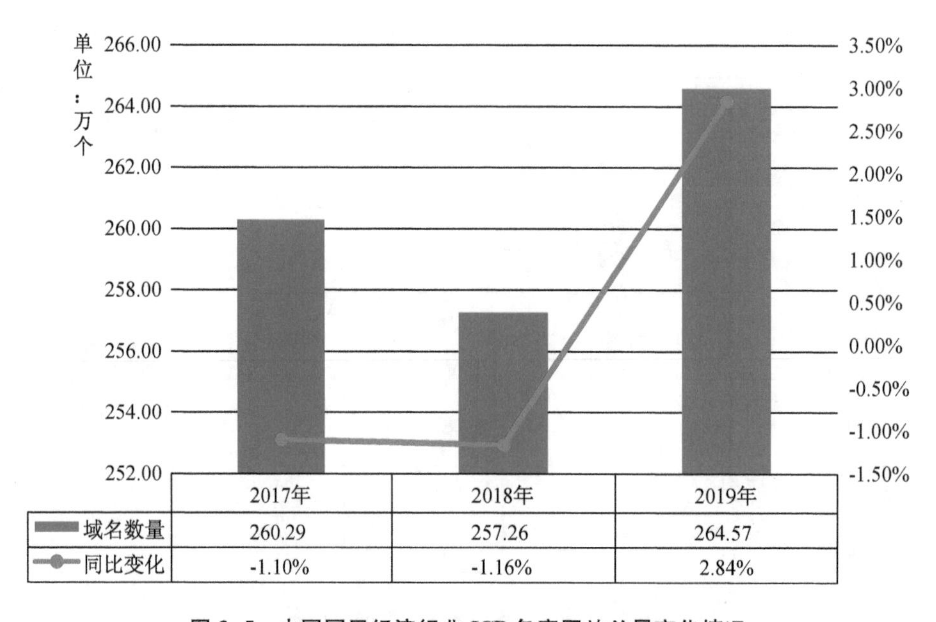

	2017年	2018年	2019年
域名数量	260.29	257.26	264.57
同比变化	-1.10%	-1.16%	2.84%

图3-5 中国国民经济行业ICP备案网站总量变化情况

按照国民经济行业分类，其中数量最多的前五行业，信息传输、软件和信息技术服务业域名，较 2018 年底增加 412 个；制造业域名，较 2018 年底增加 7.30 万个；批发和零售业域名，较 2018 年底减少 67 个；租赁和商务服务业域名，较 2018 年底减少 72 个；科学研究和技术服务业域名，较 2018 年底减少 48 个。具体变化如图 3-6 所示。

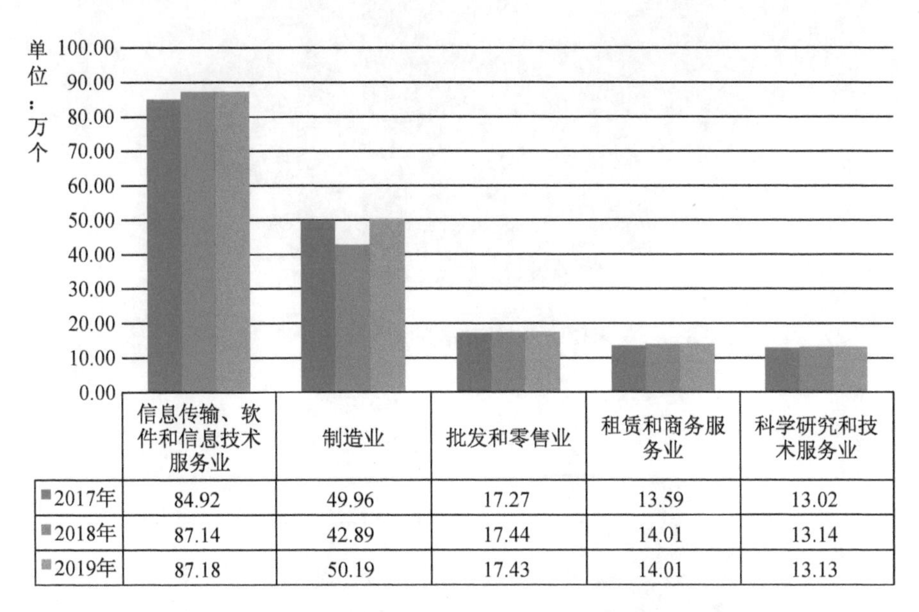

	信息传输、软件和信息技术服务业	制造业	批发和零售业	租赁和商务服务业	科学研究和技术服务业
2017年	84.92	49.96	17.27	13.59	13.02
2018年	87.14	42.89	17.44	14.01	13.14
2019年	87.18	50.19	17.43	14.01	13.13

图 3-6　中国国民经济行业 ICP 备案域名历年变化情况

（二）信息传输、软件和信息技术服务业网站及域名情况

信息传输、软件和信息技术服务业是我国支柱产业，近年来行业保持快速发展趋势，得益于我国经济快速发展、政策支持、强劲的信息化投资及旺盛的 IT 消费等，已连续多年保持高速发展趋势，产业规模不断壮大。

1. 行业细分

细分行业来看，信息传输、软件和信息技术服务业可分为互联网和相关服务，软件和信息技术服务业，电信、广播电视和卫星传输服务 3 个中类。

截至 2019 年底，可访问 ICP 备案网站中，互联网和相关服务网站 52.69 万个，占比 84.59%；软件和信息技术服务业网站 8.80 万个，占比 14.12%；电信、广播电视和卫星传输服务网站 0.80 万个，占比 1.29%。如图 3-7 所示。

较 2018 年底，互联网和相关服务网站减少 6.29 万个，同比减少 10.67%；软件和信息技术服务业网站减少 0.83 万个，同比减少 8.63%；电信、广播电视和卫星传输服务网站减少 939 个，同比减少 10.49%。近三年细分行业网站数量呈先上升后下降的趋势，变化情况如图 3-8 所示。

截至 2019 年底，可访问 ICP 备案域名中，互联网和相关服务域名 67.53 万个，占比 85.30%；软件和信息技术服务业域名 10.64 万个，占比 13.44%；电信、广播电

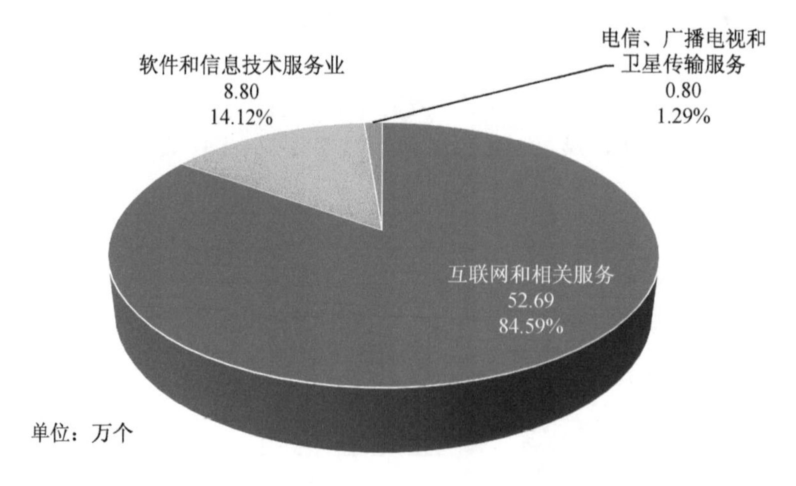

图 3-7　信息传输、软件和信息技术服务业网站统计

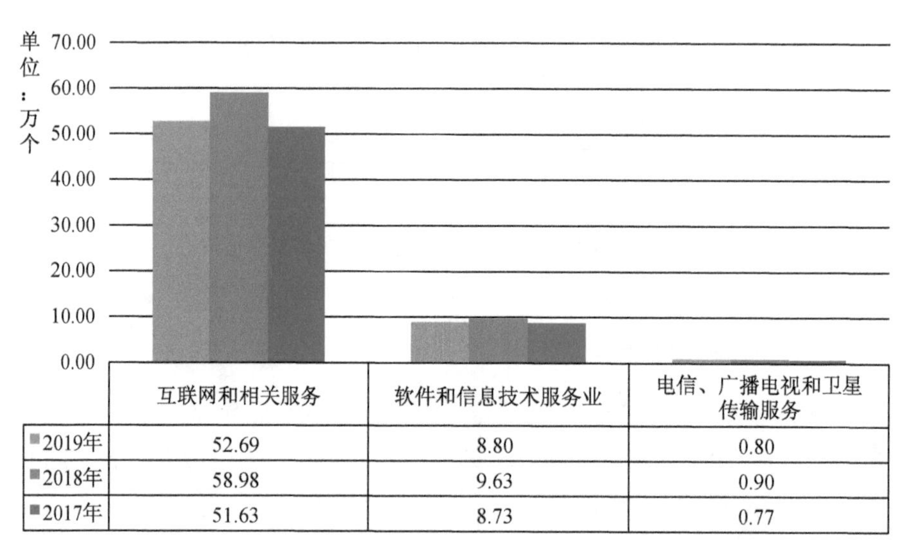

图 3-8　信息传输、软件和信息技术服务业网站同比变化统计

视和卫星传输服务域名 0.99 万个，占比 1.26%。如图 3-9 所示。

较 2018 年底，互联网和相关服务域名增加 784 个，同比增加 0.12%；软件和信息技术服务业域名增加 144 个，同比增加 0.14%；电信、广播电视和卫星传输服务域名增加 54 个，同比增加 0.55%。近三年细分行业域名数量呈上升趋势，具体变化情况如图 3-10 所示。

2. 地区分布

信息传输、软件和信息技术服务业网站主办单位分布最多的是广东省，11.95 万个，占比 19.22%，排名第二至五位的地区分别是北京市、江苏省、上海市、浙江省，最少的是西藏自治区，为 126 个。

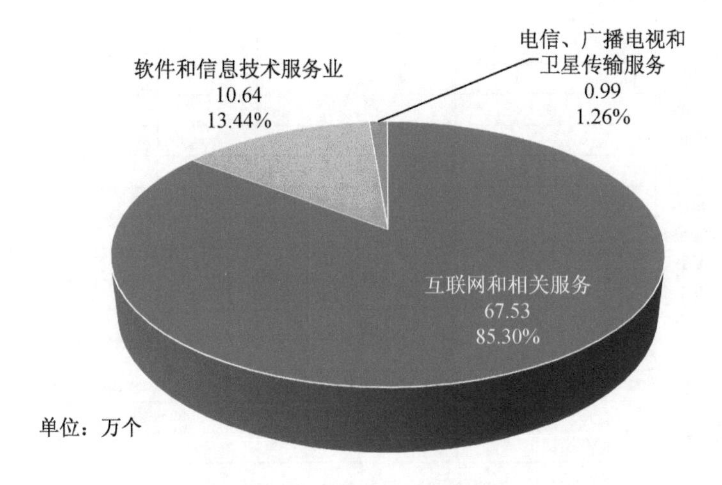

图 3-9　信息传输、软件和信息技术服务业域名统计

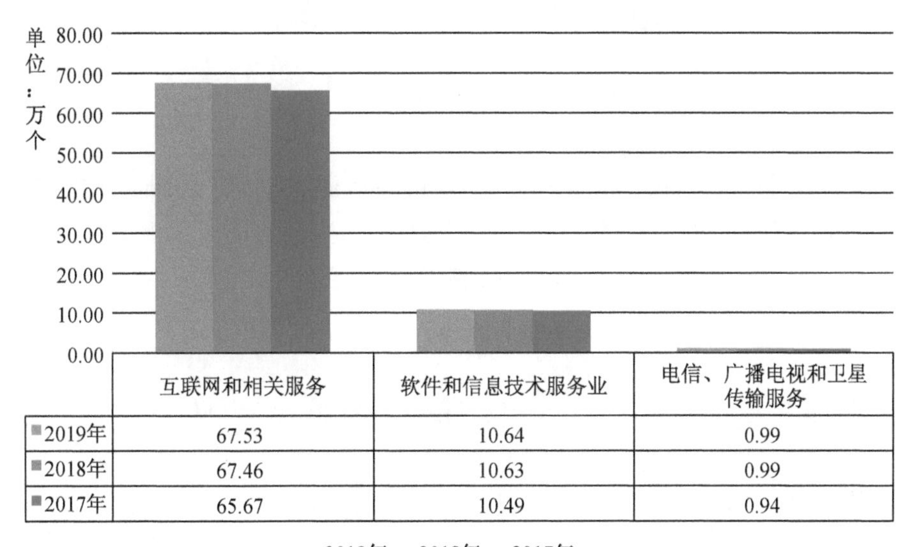

	互联网和相关服务	软件和信息技术服务业	电信、广播电视和卫星传输服务
2019年	67.53	10.64	0.99
2018年	67.46	10.63	0.99
2017年	65.67	10.49	0.94

图 3-10　信息传输、软件和信息技术服务业域名同比变化统计

信息传输、软件和信息技术服务业域名注册最多的是广东省，15.55 万个，占比 17.84%，排名第 2 至 5 位的地区分别是北京市、江苏省、上海市、浙江省，最少的是西藏自治区，为 172 个。

3. 主体性质

信息传输、软件和信息技术服务业网站主体性质主要是企业、个人、事业单位、社会团队、政府机关等 14 类，其中企业网站比例高达 76.11%，具体情况如图 3-11 所示。

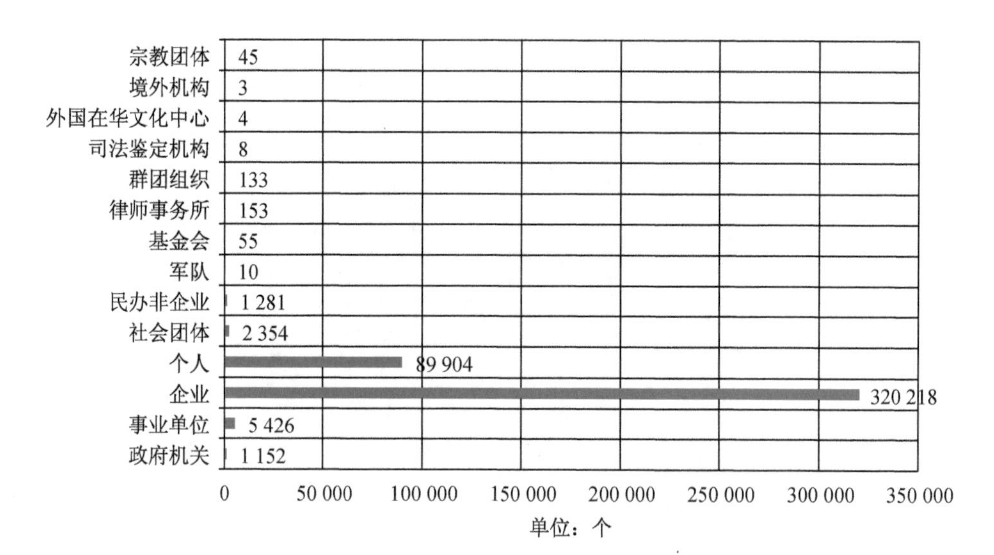

图 3-11　信息传输、软件和信息技术服务业网站主体性质情况

（三）制造业网站及域名情况

中国正在成为全球制造业的中心，中国是制造业大国，但还不是强国，国家确定了通过信息化带动工业化的国策，推动制造企业实施制造业信息化。随着国家两化深度融合水平的进一步提高，中国制造业信息化已经迎来一个崭新的发展阶段。

1. 行业细分

细分行业来看，制造业可以分为：仪器仪表制造业，金属制品业，橡胶和塑料制品业，文教、工美、体育和娱乐用品制造业，纺织业，酒、饮料和精制茶制造业，纺织服装、服饰业，非金属矿物制品业，家具制造业，木材加工和木、竹、藤、棕草制品业等 31 个中类。

截至 2019 年底，可访问 ICP 备案网站中，仪器仪表制造业网站最多，为 3.29 万个，占 27.02%；制造业网站数量最多的前十细分行业统计情况如图 3-12 所示。

较 2018 年底，仪器仪表制造业网站减少 0.26 万个，同比减少 7.37%；金属制品业网站减少 0.15 万个，同比减少 9.15%；橡胶和塑料制品业网站减少 0.11 万个，同比减少 8.69%；其他细分行业网站共减少 0.65 万个，同比减少 9.52%。近三年细分行业网站数量呈先上升后下降趋势，变化情况如图 3-13 所示。

截至 2019 年底，可访问 ICP 备案域名中，仪器仪表制造业域名最多，为 3.84 万个，占 27.16%；制造业域名数量最多的前十细分行业统计情况如图 3-14 所示。

较 2018 年底，各细分行业域名数量基本保持不变，仅其他细分行业域名增加 3 个，同比增加 0.02%。近三年细分行业域名数量呈缓慢上升的趋势，变化情况如图 3-15 所示。

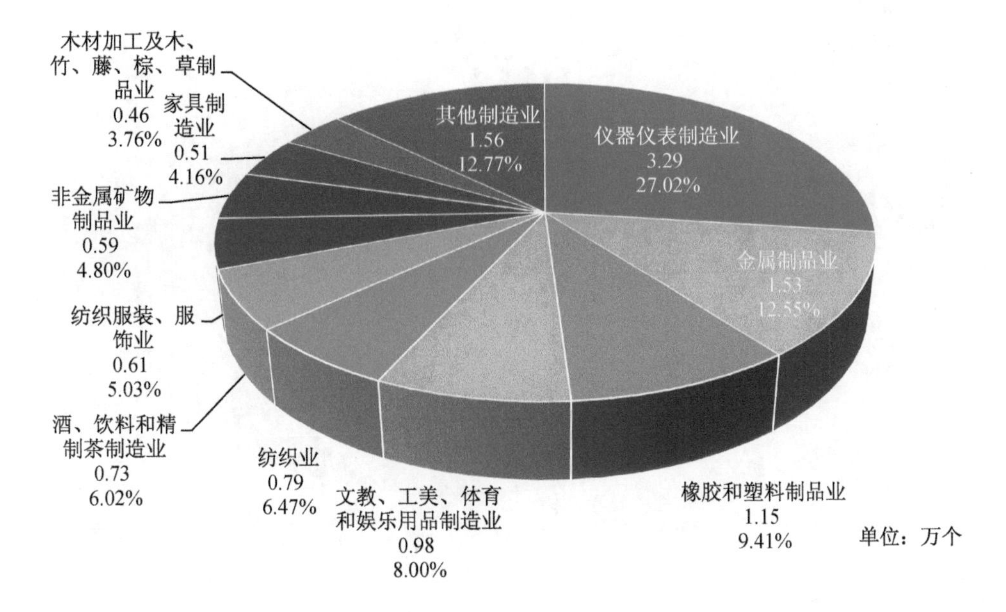

图 3-12　制造业网站统计

注:图内数字四舍五入,取约数。

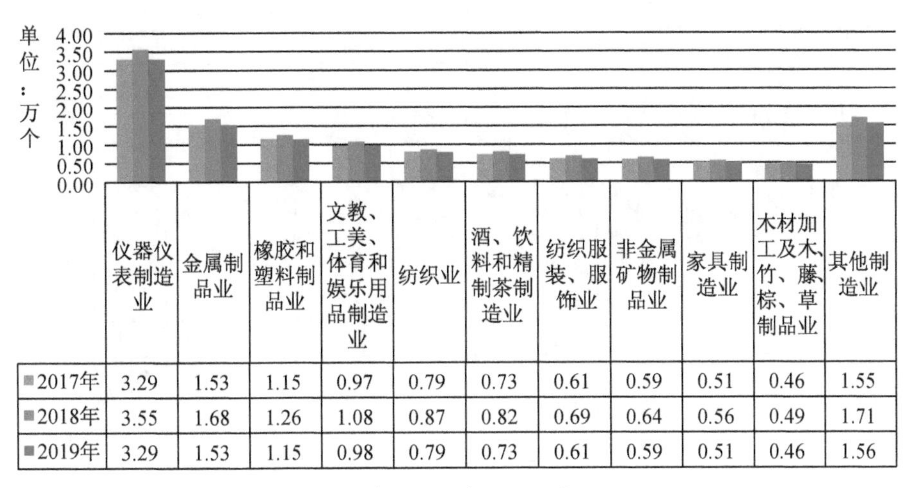

	仪器仪表制造业	金属制品业	橡胶和塑料制品业	文教、工美、体育和娱乐用品制造业	纺织业	酒、饮料和精制茶制造业	纺织服装、服饰业	非金属矿物制品业	家具制造业	木材加工及木、竹、藤、棕、草制品业	其他制造业
2017年	3.29	1.53	1.15	0.97	0.79	0.73	0.61	0.59	0.51	0.46	1.55
2018年	3.55	1.68	1.26	1.08	0.87	0.82	0.69	0.64	0.56	0.49	1.71
2019年	3.29	1.53	1.15	0.98	0.79	0.73	0.61	0.59	0.51	0.46	1.56

图 3-13　制造业网站同比变化统计

2. 地区分布

制造业网站主办单位分布最多的是江苏省,6.76 万个,占比 16.94%。排名第 2 至 5 位的地区分别是广东省、山东省、浙江省、上海市,最少的是西藏自治区,为 27 个。

制造业域名注册最多的是江苏省,8.13 万个,占比 16.19%。排名第 2 至 5 位的地区分别是广东省、山东省、浙江省、上海市,最少的是西藏自治区,为 27 个。

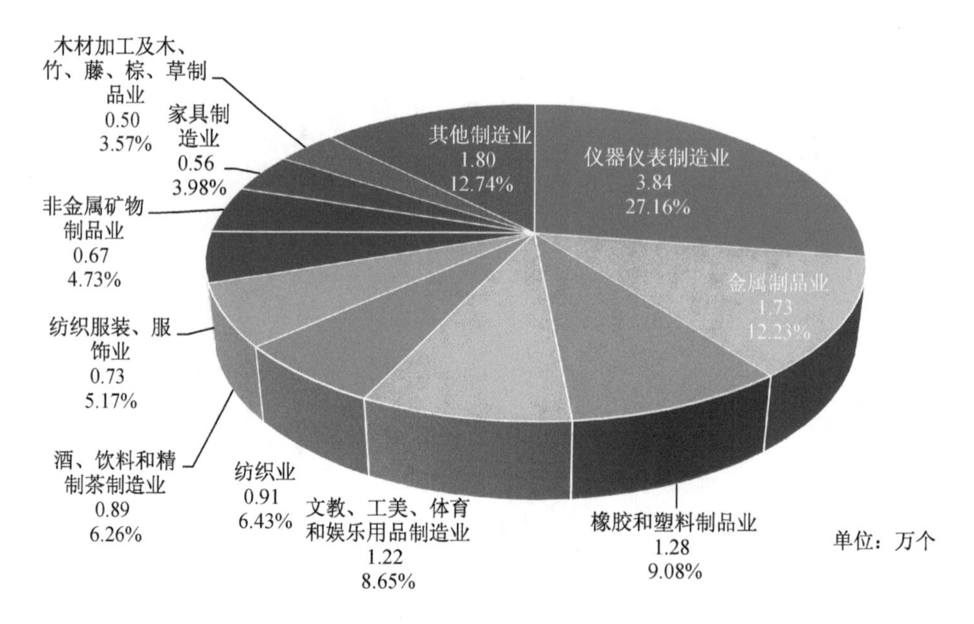

图 3-14　制造业域名统计

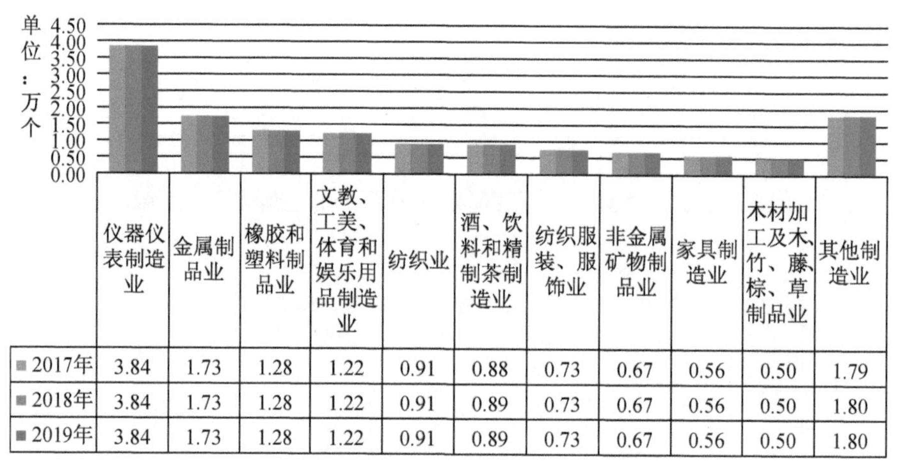

	仪器仪表制造业	金属制品业	橡胶和塑料制品业	文教、工美、体育和娱乐用品制造业	纺织业	酒、饮料和精制茶制造业	纺织服装、服饰业	非金属矿物制品业	家具制造业	木材加工及木、竹、藤、棕、草制品业	其他制造业
■2017年	3.84	1.73	1.28	1.22	0.91	0.88	0.73	0.67	0.56	0.50	1.79
■2018年	3.84	1.73	1.28	1.22	0.91	0.89	0.73	0.67	0.56	0.50	1.80
■2019年	3.84	1.73	1.28	1.22	0.91	0.89	0.73	0.67	0.56	0.50	1.80

图 3-15　制造业域名同比变化统计

3. 主体性质

制造业网站主体性质主要是企业、个人、事业单位、社会团队、政府机关等 10 类，其中企业网站比例达 96.79%，具体情况如图 3-16 所示。

(四) 批发和零售业网站及域名情况

中国服务业发展迅速，服务业主导地位逐步确立，已成为拉动国民经济增长的主要动力和新引擎，服务业行业发展比较集中，批发和零售业增加值最高，金融业资产

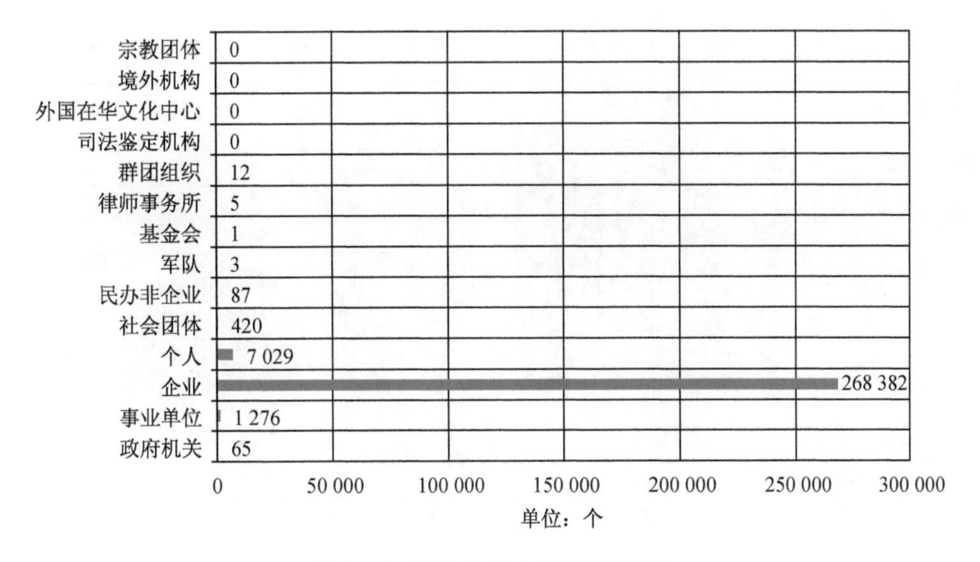

图 3-16　制造业网站主体性质情况

规模和利润总额最大，为了扩大宣传和销售渠道，加大了网站建设速度和力度。

1. 行业细分

截至 2019 年底，可访问 ICP 备案网站中，批发业网站 7.70 万个，占到 70.62%，零售业网站 3.20 万个，仅占 29.38%。其行业网站统计情况如图 3-17 所示。

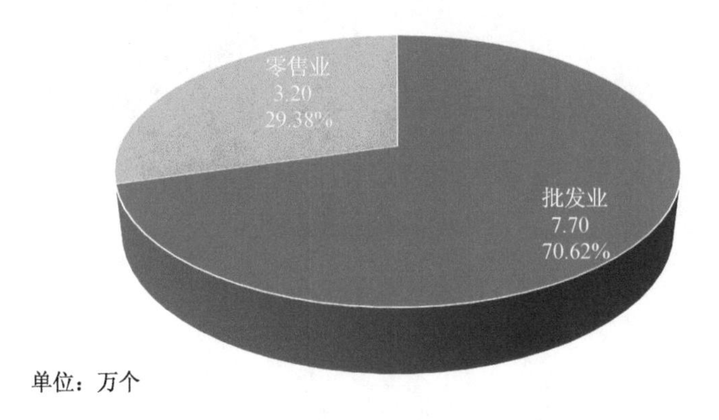

图 3-17　批发和零售业网站统计

较 2018 年底，批发业网站减少 1.17 万个，同比减少 13.15%；零售业网站减少 0.33 万个，同比减少 9.33%。近三年细分行业网站数量呈先上升后下降的趋势，变化情况如图 3-18 所示。

截至 2019 年底，可访问 ICP 备案域名中，批发业域名 9.47 万个，占到 70.73%；零售业域名 3.92 万个，仅占 29.27%。其行业域名统计情况如图 3-19 所示。

较 2018 年底，批发业域名增加 13 个，同比增加 0.01%；零售业域名增加 13 个，同比增加 0.03%。近三年细分行业域名数量呈缓慢上升的趋势，变化情况如图 3-20 所示。

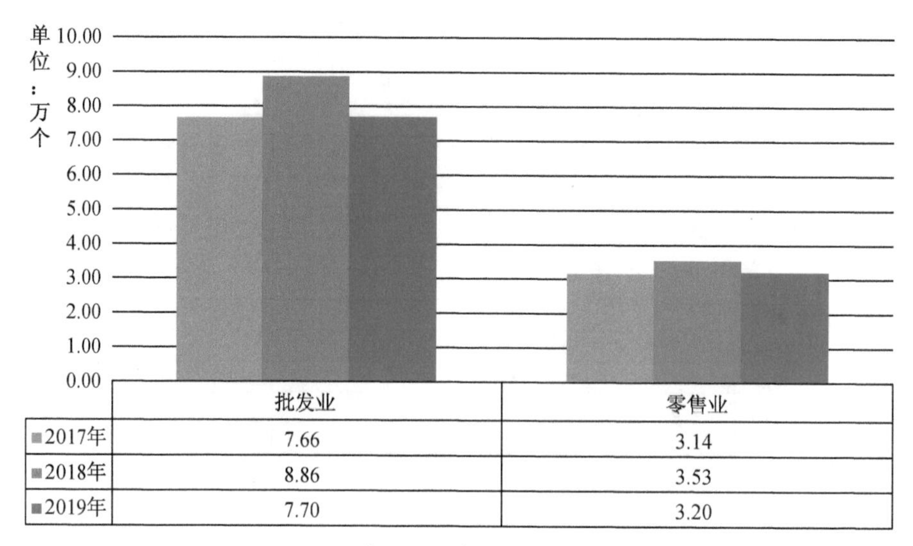

	批发业	零售业
2017年	7.66	3.14
2018年	8.86	3.53
2019年	7.70	3.20

图 3-18　批发和零售业网站同比变化统计

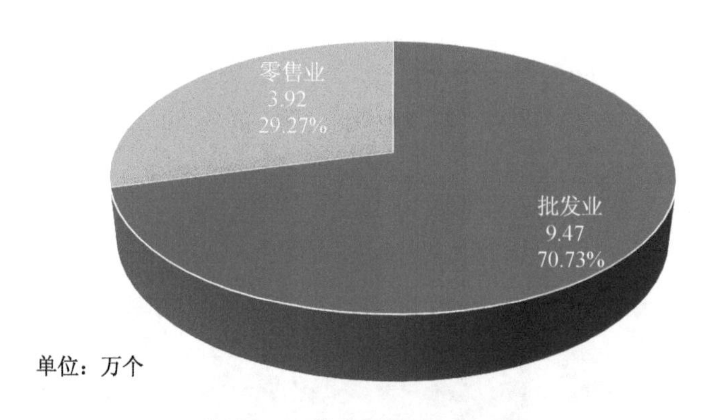

图 3-19　批发和零售业域名统计

2. 地区分布

批发和零售业网站主办单位分布最多的是广东省，2.19 万个，占比 15.50%，排名第二至五位的地区分别是北京市、江苏省、山东省、上海市，最少的是西藏自治区，为 29 个。

批发和零售业域名注册最多的是广东省 2.62 万个，占比 15.02%，排名第二至五位的地区分别是北京市、上海市、江苏省、山东省，最少的是西藏自治区，为 30 个。

3. 主体性质

批发和零售业网站主体性质主要是企业、个人、事业单位、社会团队、政府机关等 9 类，其中企业网站比例达 93.46%，具体情况如图 3-21 所示。

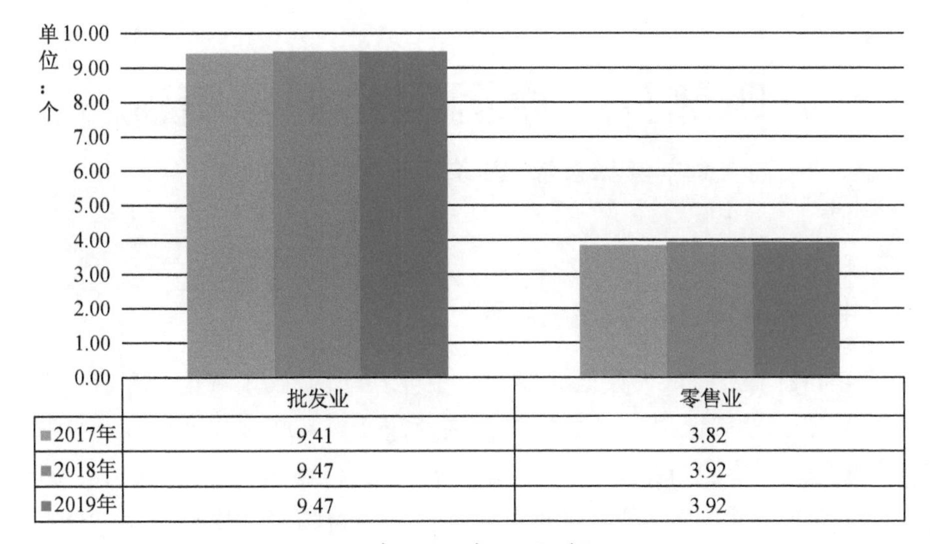

	批发业	零售业
2017年	9.41	3.82
2018年	9.47	3.92
2019年	9.47	3.92

图 3-20　批发和零售业域名同比变化统计

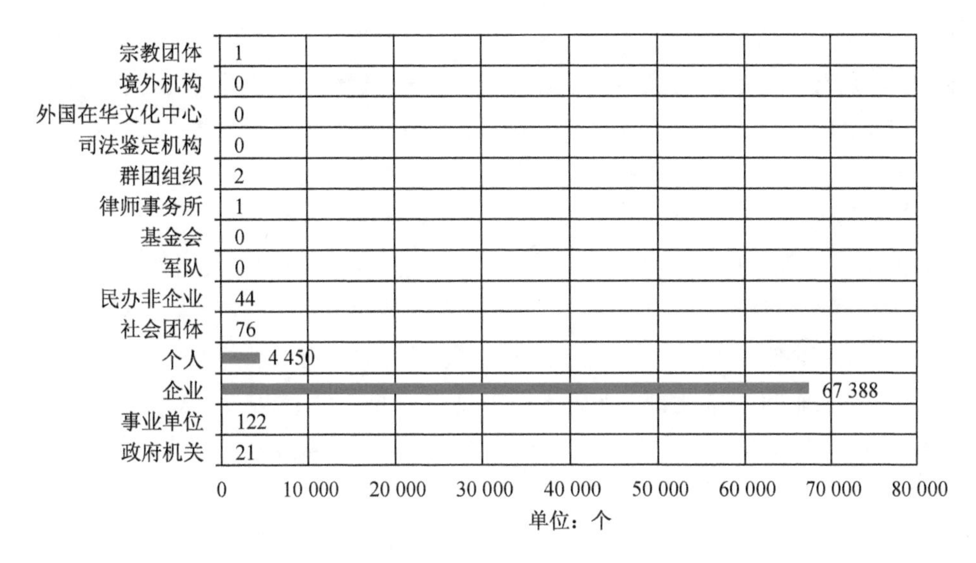

图 3-21　批发和零售业网站主体性质情况

第四部分　中国网站安全概况

(本节数据来源:国家互联网应急中心)

一、中国网络安全总体态势情况

2019年,我国云计算、大数据、物联网、工业互联网、人工智能等新技术和新应用大规模发展,网络安全风险融合叠加并快速演变。互联网技术应用不断模糊物理世界和虚拟世界界限,对整个经济社会发展的融合、渗透、驱动作用日益明显,带来的风险挑战也不断增大,网络空间威胁和风险日益增多。比较突出的问题表现在DDoS攻击高发频发且攻击组织性与目的性更加凸显;APT攻击逐步向各重要行业领域渗透,在重大活动和敏感时期更加猖獗;事件型漏洞和高危零日漏洞数量上升,信息系统面临的漏洞威胁形势更加严峻;数据安全防护意识依然薄弱,大规模数据泄露事件更加频发;"灰色"应用程序大量出现,针对重要行业安全威胁更加明显;网络黑产活动专业化、自动化程度不断提升,技术对抗更加激烈;工业控制系统产品安全问题依然突出,新技术应用带来的新安全隐患更加严峻。

党的十八大以来,习近平总书记就网络安全和信息化工作提出了一系列新理念、新思想、新战略,系统阐述了事关网信事业发展的一系列重大理论和实践问题,形成了关于网络强国的重要思想。2019年,我国网络安全顶层设计不断完善,《中华人民共和国密码法》、《信息安全技术网络安全等级保护基本要求》(网络安全等级保护2.0)等多项网络安全相关法律法规、配套制度及有关标准陆续向社会发布。中央网信办、工业和信息化部、公安部等多部门开展了网站安全、App违法违规收集使用个人信息、电信和互联网行业提升网络数据安全保护能力、"净网2019"等专项行动,切实维护了网络空间秩序,网络安全综合治理能力水平不断提升。

国家互联网应急中心(以下简称"CNCERT")在我国互联网宏观安全态势监测的基础上结合网络安全预警通报、应急处置工作实践成果,着重分析和回顾总结了2019年我国互联网网络安全状况,总结如下七个突出的态势特点。

(一)党政机关、关键信息基础设施等重要单位防护能力显著增强,但DDoS攻击呈现高发频发态势,攻击组织性和目的性更加凸显

可被利用实施DDoS攻击的境内攻击资源稳定性持续降低,数量逐年递减,攻击资源迁往境外,处置难度提高。2019年,CNCERT定期公布DDoS攻击资源(控制端、被控端、反射服务器、伪造流量来源路由器等)并协调各单位处置。与2018年相比,境内控制端、反射服务器等资源按月变化速度加快、消亡率明显上升、新增率

降低、可被利用的资源活跃时间和数量明显减少，每月可被利用的境内活跃控制端IP地址数量同比减少15.0%、活跃反射服务器同比减少34.0%。此外，CNCERT持续跟踪DDoS攻击团伙情况，并配合公安部门治理取得了明显的效果。在治理行动的持续高压下，DDoS攻击资源大量向境外迁移，DDoS攻击的控制端数量和来自境外的反射攻击流量的占比均超过90.0%。攻击我国目标的大规模DDoS事件中，来自境外的流量占比超过50.0%。

针对党政机关、关键信息基础设施等重要单位发动攻击的组织性、目的性更加明显，同时重要单位的防护能力也显著加强。2019年，我国党政机关、关键信息基础设施运营单位的信息系统频繁遭受DDoS攻击，大部分单位通过部署防护设备或购买云防护服务等措施加强自身防护能力。CNCERT跟踪发现的某黑客组织2019年对我国300余家政府网站发起了1 000余次DDoS攻击，在初期其攻击可导致80.0%以上的攻击目标网站正常服务受到不同程度影响，但后期其攻击已无法对攻击目标网站带来实质伤害，说明被攻击单位的防护能力已得到大幅提升。

DDoS攻击依然呈现高发频发之势，仍有大量物联网设备被入侵控制后用于发动DDoS攻击。我国发生攻击流量峰值超过10Gbps的大流量攻击事件日均约220起，同比增加40.0%；由于我国加大对Mirai、Gafgyt等物联网僵尸网络控制端的治理力度，2019年物联网僵尸网络控制端消亡速度加快、活跃时间普遍较短，难以形成较大的控制规模，Mirai、Gafgyt等恶意程序控制端IP地址日均活跃数量呈现下降态势，单个IP地址活跃时间在3日以下的占比超过60.0%，因此，物联网设备参与DDoS攻击活跃度在2019年后期也呈下降走势。尽管如此，在监测发现的僵尸网络控制端中，物联网僵尸网络控制端数量占比仍超过54.0%，其参与发起的DDoS攻击的次数占比也超过50.0%。未来将有更多的物联网设备接入网络，如果其安全性不能提高，必然会给网络安全防御和治理带来更多困难。

（二）APT攻击监测与应急处置力度加大，钓鱼邮件防范意识继续提升，但APT攻击逐步向各重要行业领域渗透，在重大活动和敏感时期更加猖獗

投递高诱惑性钓鱼邮件是大部分APT组织常用技术手段，我国重要行业部门对钓鱼邮件防范意识不断提高。2019年，CNCERT监测到重要党政机关部门遭受钓鱼邮件攻击数量达50多万次，月均4.6万次，其中携带漏洞利用恶意代码的Office文档成为主要载荷，主要利用的漏洞包括CVE-2017-8570和CVE-2017-11882等。例如"海莲花"组织利用境外代理服务器为跳板，持续对我国党政机关和重要行业发起钓鱼邮件攻击，被攻击单位涉及数十个重要行业、近百个单位和数百个目标。近年来，随着APT攻击手段的不断披露和网络安全知识的宣传普及，我国重要行业部门对钓鱼邮件的防范意识不断提高。比对钓鱼邮件攻击目标与最终被控目标，大约90.0%以上的鱼叉钓鱼邮件可以被用户识别发现。

攻击领域逐渐由党政机关、科研院所向各重要行业领域渗透。2019年，我国持续遭受来自“方程式组织”“APT28”“蔓灵花”“海莲花”“黑店”“白金”等30余个APT组织的网络窃密攻击,国家网络空间安全受到严重威胁。境外APT组织不仅攻击我国党政机关、国防军工和科研院所,还进一步向军民融合、“一带一路”、基础行业、物联网和供应链等领域扩展延伸,通信、外交、能源、商务、金融、军工、海洋等领域成为境外APT组织重点攻击对象。

APT攻击在我国重大活动和敏感时期更为猖獗频繁。境外APT组织习惯使用当下热点时事或与攻击目标工作相关的内容作为邮件主题,特别是瞄准我国重要攻击目标,持续反复进行渗透和横向扩展攻击,并在我国重大活动和敏感时期异常活跃。“蔓灵花”组织就重点围绕2019年全国“两会”、中华人民共和国成立70周年等重大活动,大幅扩充攻击窃密武器库,利用了数十个邮箱发送钓鱼邮件,攻击了近百个目标,向多台重要主机植入了攻击窃密武器,对我国党政机关、能源机构等重要信息系统实施大规模定向攻击。

(三)重大安全漏洞应对能力不断强化,但事件型漏洞和高危零日漏洞数量上升,信息系统面临的漏洞威胁形势更加严峻

我国漏洞信息共享与通报处置工作持续加强,漏洞应急工作开展卓有成效。2019年,国家信息安全漏洞共享平台(CNVD)[①]联合国内产品厂商、网络安全企业、科研机构、个人白帽子,共同完成对约3.2万起漏洞事件的验证、通报和处置工作,同比上涨56.0%;主要完成对微软操作系统远程桌面服务(以下简称“RDP系统”)远程代码执行漏洞、Weblogic WLS组件反序列化零日漏洞、ElasticSearch数据库未授权访问漏洞等38起重大风险的应急响应,数量较上年上升21%。CNVD联合各支撑单位积极应对上述漏洞威胁,开展技术分析研判、影响范围探测和安全公告发布等应急工作,并第一时间向涉事单位通报漏洞,协调相关方对漏洞及时进行修复和处置。同时,及时公开发布26份影响范围广、需终端用户修复的重大安全漏洞通报,使社会公众及时了解漏洞危害,有效化解信息安全漏洞带来的网络安全威胁。

漏洞数量和影响范围仍然大幅增加,漏洞消控工作依然任重而道远。一是披露的通用软硬件漏洞数量持续增长,且影响面大、范围广。2019年,CNVD新收录通用软硬件漏洞数量创下历史新高,达16 193个,同比增长14.0%。这些漏洞影响范围从传统互联网到移动互联网,从操作系统、办公自动化系统(OA)等软件到VPN设备、家用路由器等网络硬件设备,以及芯片、SIM卡等底层硬件,广泛影响我国基础软硬件安全及其应用安全。以微软RDP系统远程代码执行漏洞为例,位于我国境内的RDP系统(IP地址)规模就高达193万个,其中大约有34.9万个系

---

① 国家信息安全漏洞共享平台(China National Vulnerability Database,简称CNVD)是由CNCERT于2009年发起建立的国家信息安全漏洞库。

统(IP 地址)受此漏洞影响。此外,移动互联网行业安全漏洞数量持续增长,2019年,CNVD 共收录移动互联网行业漏洞 1 324 个,较 2018 年同期的 1 165 个增加了13.7%,包括智能终端蓝牙通信协议、智能终端操作系统、App 客户端应用程序、物联网设备等均被曝光存在安全漏洞。二是 2019 年我国事件型漏洞数量大幅上升。CNVD 接收的事件型漏洞数量约 14.1 万条,首次突破 10 万条,较 2018 年同比大幅增长 227%。这些事件型漏洞涉及的信息系统大部分属于在线联网系统,一旦漏洞被公开或曝光,如未及时修复,易遭不法分子利用进行窃取信息、植入后门、篡改网页等攻击操作,甚至成为地下黑产进行非法交易的"货物"。三是高危零日漏洞占比增大。近 5 年来,"零日"漏洞[①]收录数量持续走高,年均增长率达 47.5%。2019年收录的"零日"漏洞数量继续增长,占总收录漏洞数量的 35.2%,同比增长 6.0%。这些漏洞在披露时尚未发布补丁或相应的应急措施,严重威胁我国的网络空间安全。

(四) 数据风险监测与预警防护能力提升,但数据安全防护意识依然薄弱,大规模数据泄露事件频发

数据安全保护力度继续加强,及时处置应对大量数据安全事件。当前,互联网数据资源已经成为国家重要战略资源和新生产要素,对经济发展、国家治理、社会管理、人民生活都产生重大影响。2019 年,在中央网信办指导下,CNCERT 加强监测发现、协调处置,全年累计发现我国重要数据泄露风险与事件 3 000 余起,中央网信办重点对其中 400 余起存储有重要数据或大量公民个人信息数据的事件进行了应急处置。MongoDB、ElasticSearch、SQL Server、MySQL、Redis 等主流数据库的弱口令漏洞、未授权访问漏洞导致数据泄露,成为 2019 年数据泄露风险与事件的突出特点。

App 违法违规收集使用个人信息治理持续推进,工作取得积极成效。针对 App 违法违规收集使用个人信息问题,中央网信办会同工业和信息化部、公安部、国家市场监督管理总局四部委联合开展 App 违法违规收集使用个人信息专项治理,成立专项治理工作组,制定发布《App 违法违规收集使用个人信息行为认定方法》《App 违法违规收集使用个人信息自评估指南》《互联网个人信息安全保护指南》;建立公众举报受理渠道,截至 2019 年 12 月,共受理网民有效举报信息 1.2 万余条,核验问题 App 2 300 余款;组织四部门推荐的 14 家专家技术评估机构对 1 000 余款常用重点 App 进行了深度评估,发现大量强制授权、过度索权、超范围收集个人信息问题,对于问题严重且不及时整改的依法予以公开曝光或下架处理。

涉及公民个人信息的数据库数据安全事件频发,违法交易藏入"暗网"。2019年针对数据库的密码暴力破解攻击次数日均超过 100 亿次,数据泄露、非法售卖等

---

① "零日"漏洞是指 CNVD 收录该漏洞时还未公布补丁。

事件层出不穷,数据安全与个人隐私面临严重挑战。科技公司、电商平台等信息技术服务类行业,银行、保险等金融行业以及医疗卫生、交通运输、教育求职等重要行业涉及公民个人信息的数据库数据安全事件频发。国内多家企业上亿份用户简历、智能家居公司过亿条涉及用户相关信息等大规模数据泄露事件在网上相继曝光。此外,部分不法分子已将数据非法交易转移至“暗网”,“暗网”已成为数据非法交易的重要渠道,涉及银行、证券、网贷等金融行业数据非法售卖事件最多占比达34.3%,党政机关、教育、各主流电商平台等行业数据被非法售卖事件也时有发生。目前我国正在积极推进数据安全管理和个人信息保护立法,但我国数据安全防护水平有待加强,公民个人信息防护意识需进一步提升。

(五) 恶意程序增量首次下降,但“灰色”应用程序大量出现,针对重要行业安全威胁更加明显

移动互联网恶意程序增量首次出现下降,高危恶意程序的生存空间正在压缩,下架恶意程序数量连续 6 年下降。2019 年,新增移动互联网恶意程序数量 279 万余个,同比减少 1.4%。根据 14 年来的监测统计,移动互联网恶意程序新增数量在经历快速增长期、爆发式增长期后,现已进入缓速增长期,并在 2019 年新增数量首次出现下降趋势。2019 年出现的移动恶意程序主要集中在 Android 平台,根据《移动互联网恶意程序描述格式》(YDT 2439—2012)行业标准对恶意程序的行为属性进行统计,具有流氓行为、资费消耗等低危恶意行为的 App 数量占 69.3%,具有远程控制、恶意扣费等高危恶意行为的 App 数量占 10.6%。为从源头治理移动互联网恶意程序,有效切断传播源,CNCERT 着重处理协调国内已备案的 App 传播渠道开展恶意 App 下架工作,2019 年共处理协调 152 个应用商店、86 个广告平台、63 个个人网站、19 个云平台共 320 个传播渠道下架 App 总计 3 057 个,相较 2014—2018 年下架数量为 3.9 万个、1.7 万个、0.9 万个、0.8 万个、3 578 个,连续 6 年呈逐年下降趋势,移动互联网总体安全状况不断好转。

以移动互联网仿冒 App 为代表的灰色应用大量出现,主要针对金融、交通、电信等重要行业的用户。近年来,随着《网络安全法》《移动互联网应用程序信息服务管理规定》等法律、法规、行业与技术标准的相继出台,我国加大了对应用商店、应用程序的安全管理力度。应用商店对上架 App 的开发者进行实名审核,对 App 进行安全检测和内容版权审核等,使得黑产从业人员通过应用商店传播恶意 App 的难度明显增加,但能够逃避监管并实现不良目的的“擦边球”式的灰色应用有所增长。例如:具有钓鱼目的、欺诈行为的仿冒 App 成为黑产从业者重点采用的工具,持续对金融、交通、电信等重要行业的用户形成了较大威胁。2019 年,CNCERT 通过自主监测和投诉举报方式捕获大量新出现的仿冒 App。这些仿冒 App 具有容易复制、版本更新频繁、蹭热点快速传播等特点,主要集中在仿冒公检法、银行、社交软件、支付软件、抢票软件等热门应用上,在仿冒方式上以仿冒名称、图标、页面等

内容为主，具有很强的欺骗性。针对银行信用卡优惠、办卡等银行类 App 的仿冒数量最多，其次是仿冒“最高人民法院”“公安部案件查询系统”“最高人民检察院”等政务类 App，以及仿冒“微信”“支付宝”“银联”等社交软件或支付软件。另外还有部分仿冒 App 在一些特殊时期频繁活跃，例如春运期间出现了大量仿冒“12306”“智行火车票”的 App，在“个人所得税”App 推出期间出现了大量仿冒应用。目前，由于开发者在应用商店申请 App 上架前，需提交软件著作权等证明材料，因此仿冒 App 很难在应用商店上架，其流通渠道主要集中在网盘、云盘、广告平台等线上传播渠道。

（六）黑产资源得到有效清理，但恶意注册、网络赌博、勒索病毒、挖矿病毒等依然活跃，高强度技术对抗更加激烈

网络黑产打击取得阶段性成果。在相关部门指导下，2019 年 CNCERT 依托中国互联网网络安全威胁治理联盟（CCTGA），加强信息共享，支撑有关部门开展网络黑产治理工作，互联网黑产资源得到有效清理。每月活跃“黑卡”总数从约 500 万个逐步下降到约 200 万个，降幅超过 60%。2019 年底，用于浏览器主页劫持的恶意程序月新增数量由 65 款降至 16 款，降幅超过 75%；被植入赌博暗链的网站数量从 1 万余个大幅下降到不超过 1 000 个，互联网黑产违法犯罪活动得到有力打击。公安机关在“净网 2019”行动中，关掉各类黑产公司 210 余家，捣毁、关停买卖手机短信验证码或帮助网络账号恶意注册的网络接码平台 40 余个，抓获犯罪嫌疑人 1.4 万余名，“黑卡”“黑号”等黑色产业链条遭到重创，犯罪分子受到极大震慑。

网络黑产活动专业化、自动化程度不断提升，技术对抗越发激烈。2019 年，CNCERT 监测发现各类黑产平台超过 500 个，提供手机号资源的接码平台、提供 IP 地址的秒拨平台、提供支付功能的第四方支付平台和跑分平台、专门进行账号售卖的发卡平台、专门用于赌博网站推广的广告联盟等各类专业黑产平台不断产生。专业化的黑产活动为网络诈骗等网络犯罪活动提供了帮助和支持，加速了网络犯罪的蔓延趋势。例如在“杀猪盘”等网盘诈骗犯罪中，犯罪分子通过个人信息售卖方式获取精准个人信息，从而了解目标人群的爱好特点；通过恶意注册黑产购买社交账号，这些社交账号经过“养号”，具备完整的社交信息，极具迷惑性；通过黑产工具制作团队，快速开发赌博交友网站 App 等诈骗工具。与此同时，黑产自动化工具不断出现，黑产从业门槛逐步降低。网络黑产工具可自动化进行恶意注册、“薅羊毛”、刷量、改机等攻击，一般人员经简单学习后即可操作使用。各类专业的网络黑产平台通过 API 接口、易语言模块等方式，提供了标准化接口，网络黑产工具通过调用这些接口集成各类资源，用于网络黑产活动。2019 年监测到各类网络黑产攻击日均 70 万次，电商网站、视频直播、棋牌游戏等行业成为网络黑产的主要攻击对象，攻防博弈此消彼长。

勒索病毒、挖矿木马在黑色产业刺激下持续活跃。在互联网黑色产业治理的

推进过程中,2019 年,CNCERT 捕获勒索病毒 73.1 万余个,较 2018 年增长超过 4 倍,勒索病毒活跃程度持续居高不下。分析发现,勒索病毒攻击活动越发具有目标性,且以文件服务器、数据库等存有重要数据的服务器为首要目标,通常利用弱口令、高危漏洞、钓鱼邮件等作为攻击入侵的主要途径或方式。勒索攻击表现出越来越强的针对性,攻击者针对一些有价值的特定单位目标进行攻击,利用较长时期的探测、扫描、暴力破解、尝试攻击等方式,进入目标单位服务器,再通过漏洞工具或黑客工具获取内部网络计算机账号密码实现在内部网络横向移动,攻陷并加密更多的服务器。勒索病毒 GandCrab 的"商业成功"[①]引爆互联网地下黑灰产,进一步刺激互联网地下黑灰产组织对勒索病毒的制作、分发和攻击技术的快速迭代更新。GandCrab、Sodinokibi、Globelmposter、CrySiS、Stop 等勒索病毒成为 2019 年最为活跃的勒索病毒家族,其中 CrySiS 勒索病毒全年出现了上百个变种。随着 2019 年下半年加密货币价格持续走高,挖矿木马更加活跃。"永恒之蓝"下载器木马、WannaMiner、BuleHero 等挖矿团伙频繁推出挖矿木马变种,并利用各类安全漏洞、僵尸网络、网盘等进行快速扩散传播,WannaMine、Xmrig、CoinMiner 等成为 2019 年最为流行的挖矿木马家族。

(七)工业控制系统网络安全在国家层面的顶层设计进一步完善,但工业控制系统产品安全问题依然突出,新技术应用带来新安全隐患更加严峻

工业控制系统网络安全在国家层面的顶层设计不断完善,国家级工业控制系统网络安全监测和态势感知能力不断提升。网络安全等级保护制度 2.0 版相关的国家标准正式发布,并正式将工业控制系统纳入到网络安全等级保护的范围,并出台了相应的测评要求。工业和信息化部联合教育部、应急管理部、国有资产监督管理委员会等十部委共同印发了《加强工业互联网安全工作的指导意见》,从工业互联网中设备、控制、网络、平台、数据等关键要素出发,提出了 17 项工作任务和 4 项保障措施,有力增强了对于工业互联网安全的政策指导。工业和信息化部于 2018 年、2019 年相继发布工业互联网创新发展工程项目,面向网络安全态势感知、威胁情报、公共服务等方向,建设"国家、地方、企业"三级联动的工业互联网网络安全保障技术平台。CNCERT 在积极参与相关平台建设的同时,着力打造面向互联网侧的工业控制系统威胁监测能力,面向重点行业联网工业控制设备、系统,以及工业云平台等核心网络资产开展全天候的实时监测和态势分析。

工业控制系统产品漏洞数量居高不下。工业控制产品广泛应用于能源、电力、交通等关键信息基础设施领域,其安全性关乎经济社会的稳定运行。根据国内外主流漏洞平台的最新统计,2019 年收录的工业控制产品漏洞数量依然居高不下且多为

---

① 2019 年 6 月,勒索病毒 GandCrab 运营者称在一年半的时间内获利 20 亿美元,并发表官方声明称该勒索病毒将停止更新。

高中危漏洞，说明工业控制产品的网络安全状况依然严峻。随着国家监管部门和关键信息基础设施运营单位对网络安全重视程度的不断提高，以及相关配套法规和安全检测工作的开展，工业领域的网络安全意识有所增强，工业控制产品由于软件代码缺陷所导致的安全漏洞在被大量曝光的同时也在逐步得到修复，呈向好趋势。由于有些产品需要考虑现行标准和原有产品的兼容性，在一定程度上导致了厂商在安全设计上的缺失，如有的产品设计缺少身份鉴别、访问控制等最基本的安全元素，导致安全缺陷与漏洞数量居高不下，此类问题需引起有关部门的高度关注。

互联网侧暴露面持续扩大，新技术的应用给工业控制系统带来了新的安全隐患。随着工业互联网产业的不断发展，工业企业上云、工业产业链上下游协同显著增强，越来越多的工业行业的设备、系统暴露在互联网上。例如，2019 年监测发现的暴露在互联网上的可编程逻辑控制器（以下简称“PLC”）高达 2 583 台，同比增加 8.7%。标识解析、5G、工业物联网等新技术的应用为智能工业赋能，但也将带来信息爆炸、数据泄露等安全隐患，以及海量智能设备的接入和认证管理等安全问题。在标识解析技术应用上，工业和信息化部发布《工业互联网发展行动计划（2018—2020 年）》提出“标识解析体系构建行动”的发展目标，表示标识解析系统作为一个重要的网络基础设施，将在架构、协议、数据、运营等多个层面均存在网络安全风险，直接关乎工业互联网的安全运行。在 5G 技术应用上，工业和信息化部印发《“5G＋工业互联网”512 工程推进方案》，提出将促进 5G 技术与 PLC、分布式控制系统（DCS）等工业控制系统的融合创新，培育“5G＋工业互联网”特色产业。5G 技术方案的高速率、大容量、低延时的特性所带来的大流量数据对于传统网络安全监测分析技术将带来巨大的挑战。在工业物联网应用上，大量物联网设备应用在工业领域，涉及智能网关、摄像头、门禁、打印机等多种设备类型，由于物联网设备接入方式灵活、分布位置广泛，其应用打破了工业控制系统的封闭性，带来了新的安全隐患。

二、网站安全监测数据统计报告

CNCERT 历年来持续开展对网站篡改、网站漏洞、网站后门、网页仿冒的监测工作，给出针对网站服务器、网站用户的网络攻击威胁统计数据。同时，CNCERT 针对上述网站安全攻击威胁持续开展相关处置工作，对党政机关和重要行业单位开展事件通报，并就公共互联网安全环境和网站安全环境开展专项治理工作。

（一）网页篡改监测情况

按照攻击手段，网页篡改可以分成显式篡改和隐式篡改两种。通过显式网页篡改，黑客可炫耀自己的技术技巧，或达到声明自己主张的目的。隐式篡改一般是在被攻击网站的网页中植入被链接到色情、诈骗等非法信息的暗链中，以助黑客谋取非法经济利益。黑客为了篡改网页，一般需提前知晓网站的漏洞，提前在网页中植入后门，并最终获取网站的控制权。

1. 中国网站遭受篡改攻击态势

2019 年,我国境内被篡改的网站数量为 185 573 个(去重后),较 2018 年的7 049 个大幅增长。篡改数量大幅增长的原因,是由于我中心为响应我国政府部门对网站篡改行为的持续打击和整治的专项行动,扩大了对网页篡改事件的监测范围和检测能力,因此发现了更多的被篡改网站。2019 年我国境内被篡改网站的月度统计情况如图 4-1 所示。2019 年全年,CNCERT 持续开展对我国境内网站被植入暗链情况的治理,组织全国分中心持续开展网站黑链、网站篡改事件的处置工作。

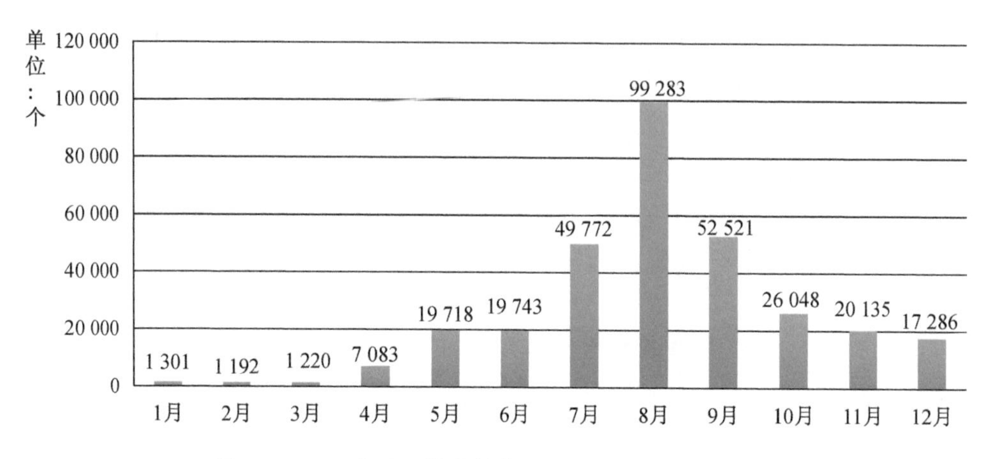

图 4-1　2019 年我国境内被篡改的网站数量按月度统计

从网页被篡改的方式来看,我国被篡改的网站中以植入暗链方式被攻击的超过 50%。从域名类型来看,2019 年我国境内被篡改的网站中,代表商业机构的网站(.COM)最多,占 75.2%,其次是网络组织类(.NET)网站和非营利组织类(.org)网站,分别占 4.7%和 1.2%,政府类(.GOV)网站和教育机构类(.edu)网站分别占比 0.3%和 0.03%。对比 2018 年,我国政府类网站的被篡改比例基本持平。2019 年我国境内被篡改网站按域名类型分布如图 4-2 所示。

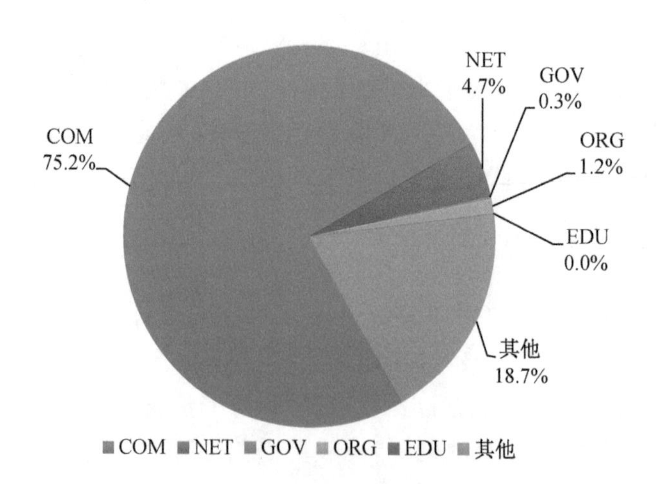

图 4-2　2019 年我国境内被篡改网站按域名类型分布

如图 4-3 所示,2019 年我国境内被篡改网站数量按地域进行统计,前 10 位的地区分别是:北京市、广东省、山东省、河南省、浙江省、四川省、上海市、江苏省、陕西省和福建省。前 10 位的地区与 2018 年总体基本保持一致。以上均为我国互联网发展状况较好的地区,互联网资源较为丰富,总体上发生网页篡改的事件次数较多。

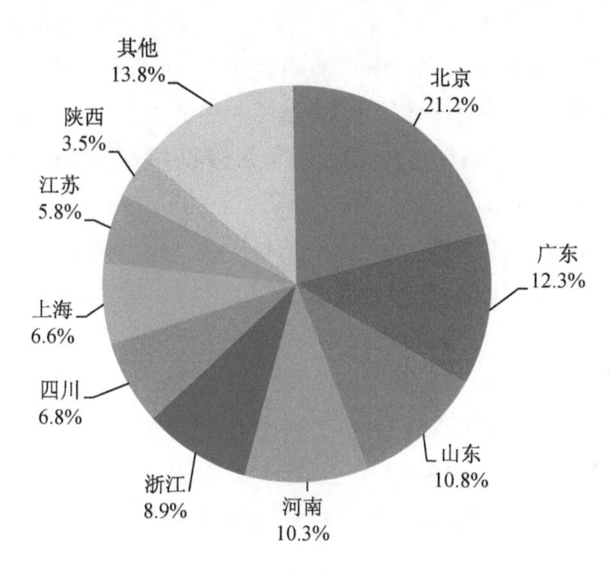

图 4-3　2019 年我国境内被篡改网站按地域分布

2. 政府网站篡改数量下降,受到暗链植入攻击威胁仍不容忽视

2019 年,我国境内政府网站被篡改数量为 515 个(去重后),较 2018 年的 216 个增长 138%。2019 年我国境内被篡改的政府网站数量和其占被篡改网站总数比例按月度统计如图 4-4 所示。可以看到,政府网站篡改数量及占被篡改网站总数比例保持在 6.0%以下,安全态势较为平稳。

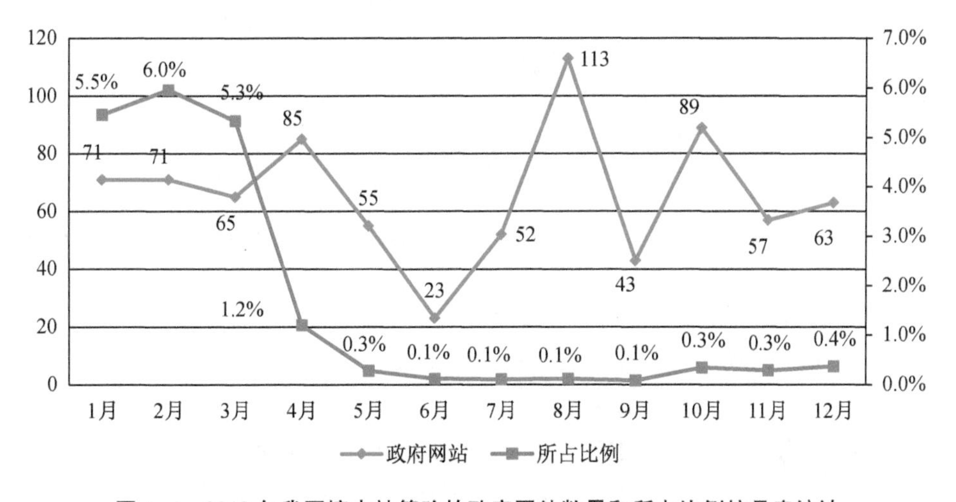

图 4-4　2019 年我国境内被篡改的政府网站数量和所占比例按月度统计

(二) 网站漏洞监测情况

网站服务器承载操作系统、数据库、应用软件以及Web应用等构成网站信息系统的主要组成部分,网站信息系统还包括承载网站域名解析服务的DNS系统。大多数针对网站的篡改和后门攻击等网络安全威胁都是由网站信息系统所存在的安全漏洞诱发的。

1. 通用软硬件漏洞数量上涨,中危漏洞数量增加

国家信息安全漏洞共享平台(CNVD)自2009年成立以来,截至2020年6月,共收录、接收通用软硬件漏洞超过19.4万个,并接收各方报告的涉及具体行业具体单位信息系统的漏洞风险信息超过43.2万条。

2019年,国家信息安全漏洞共享平台(CNVD)共新增收录通用软硬件漏洞16 192个,较2018年漏洞收录总数环比增长14.0%。其中,高危漏洞4 876个(占30.1%),中危漏洞9 695个(占59.9%),低危漏洞1 621个(占10%),各级别比例分布与月度数量统计如图4-5和图4-6所示。中危漏洞收录数量较2018年环比上涨97.9%。2019年,CNVD接收白帽子、国内漏洞报告平台以及安全厂商报送的原创通用软硬件漏洞数量占全年收录总数的18.2%。在CNVD全年收录的通用软硬件漏洞中,有14 167个漏洞可用于实施远程网络攻击,有1 905个漏洞可用于实施本地攻击,有120个漏洞可用于实施临近网络攻击。全年共收录5 705个"零日"漏洞,数量较2018年环比显著增长6.0%。

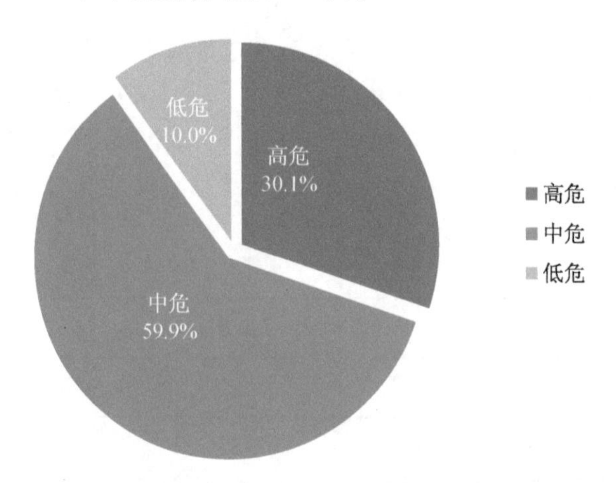

图4-5　2019年CNVD收录的漏洞按威胁级别分布

2. 应用软件和Web应用漏洞占较大比例

2019年,CNVD收录的漏洞主要涵盖Google、Oracle、WordPress、Adobe、Microsoft、IBM、Cisco、CloudBees、cPanel、Apple等厂商的产品。各厂商产品中漏洞的分布情况如图4-7所示。可以看出,涉及Google产品(含操作系统、手机设备以及应用软件等)的漏洞最多,达到857个,占全部收录漏洞的5.3%。

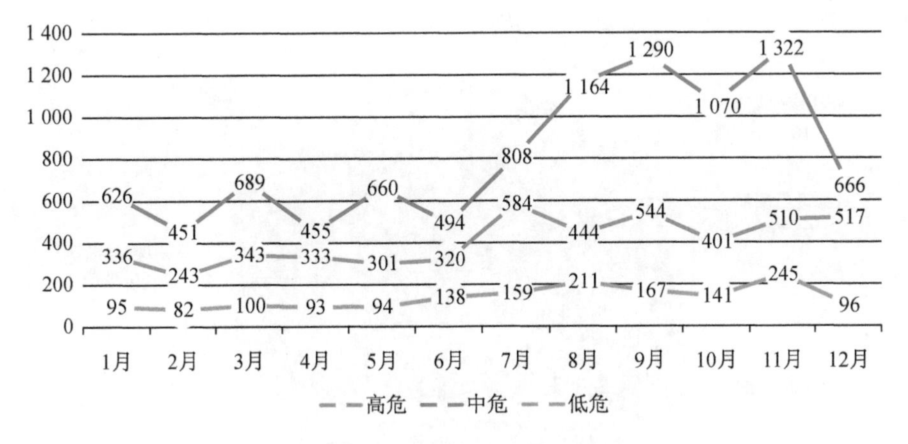

图 4-6　2019 年 CNVD 收录的漏洞数量按月度统计

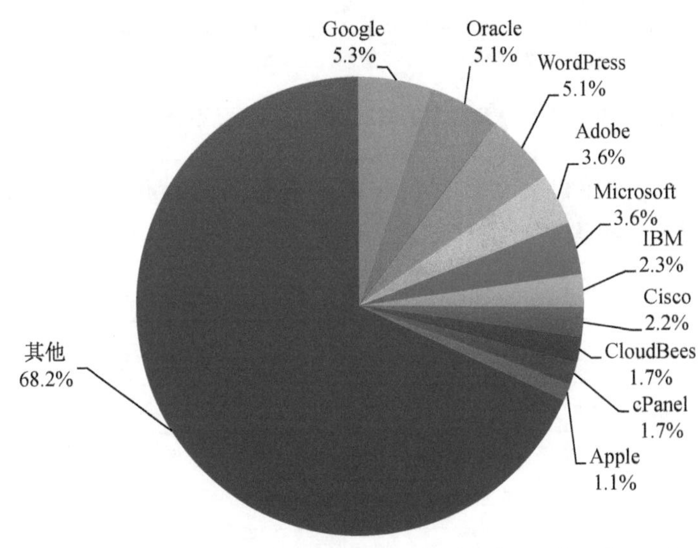

图 4-7　2019 年 CNVD 收录的高危漏洞按厂商分布

根据影响对象的类型，漏洞可分为：应用程序漏洞、Web 应用漏洞、操作系统漏洞、网络设备漏洞（如路由器、交换机等）、安全产品漏洞（如防火墙、入侵检测系统等）、数据库漏洞、智能设备漏洞。如图 4-8 所示，在 2019 年 CNVD 收录的漏洞信息中，应用程序漏洞占 56.2%，Web 应用漏洞占 23.3%，操作系统漏洞占 10.3%，网络设备漏洞占 6.2%，安全产品漏洞占 1.2%，数据库漏洞占 1.6%，智能设备漏洞占 1.2%。

3. 党政机关和重要行业单位网站漏洞事件态势

2019 年，国内安全研究者漏洞报告持续活跃，CNVD 依托自有报告渠道以及与 360 网神（补天平台）、斗象科技（漏洞盒子）、上海交大等社会漏洞报告平台的协作

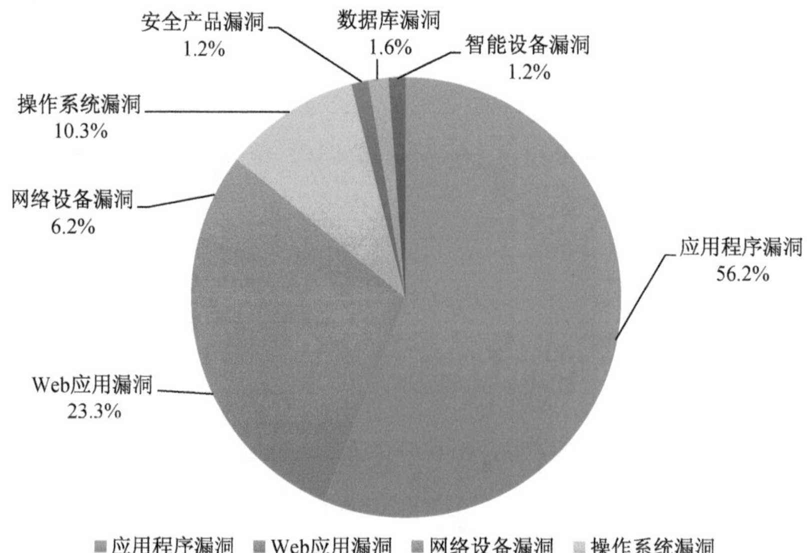

图 4-8　2019 年 CNVD 收录的漏洞按影响对象类型分类统计

渠道,接收和处置涉及党政机关和重要行业单位的漏洞风险事件。CNVD 通过各渠道接收到的民间漏洞报告数量统计见表 4-1。

表 4-1　2019 年 CNVD 接收的社会平台或研究者报告情况统计

接收渠道	报告数量(条)
奇安信网神(补天平台)	50 969
斗象科技(漏洞盒子)	48 587
个人白帽子	34 758
上海交大	9 311

CNVD 对接收到的事件进行核实并验证,主要依托 CNCERT 国家中心、分中心处置渠道开展处置工作,同时 CNVD 通过互联网公开信息积极建立与国内其他企事业单位的工作联系机制。2019 年,CNVD 共处置涉及我国政府部门,银行、证券、保险、交通、能源等重要信息系统部门,以及基础电信企业、教育行业等相关行业的漏洞风险事件共计 29 141 起,数量较 2018 年同比大幅上涨 41.9%。按月度统计情况如图 4-9 所示。

2019 年,CNVD 秘书处自行开展漏洞事件处置 3 847 次,涉及国内外软件厂商 1 566 家(不含涉及单个信息系统风险的企业单位及事业单位),较 2018 年 1 175 次增加 33.3%,联系次数较多的厂商见表 4-2。

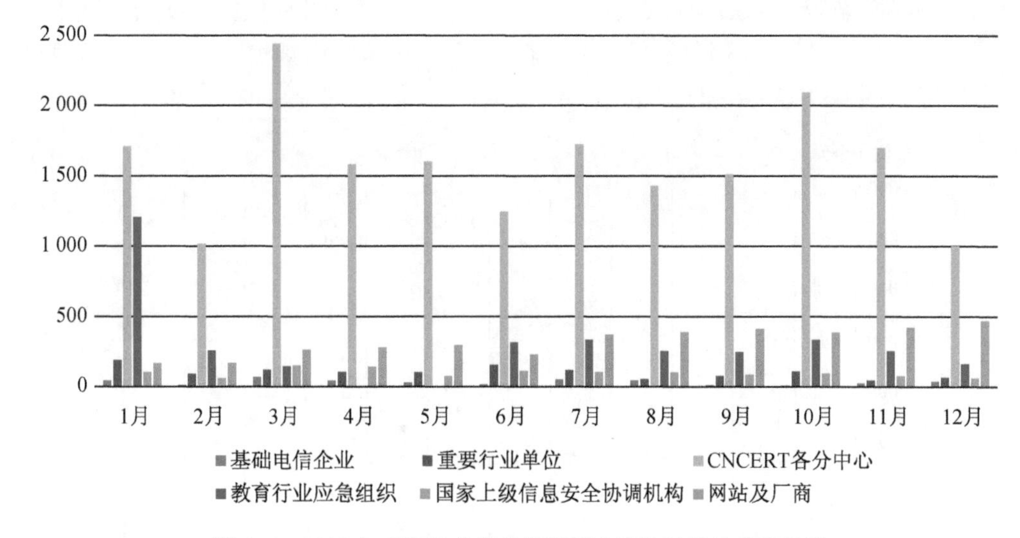

图 4-9　2019 年 CNVD 处置的漏洞风险事件数量按月度统计

表 4-2　2019 年 CNVD 协调处置厂商软硬件产品次数 TOP 11

厂商名称	处置漏洞数(次)
SeaCMS	116
淄博闪灵网络科技有限公司	99
zzzcms	52
爱客 CMS	38
安徽启明星工作室	34
zzcms	34
西门子(中国)有限公司	31
上海泛微网络科技股份有限公司	27
Joomla!	26
帝国软件	25
中兴通讯股份有限公司	25

(三) 网站后门监测情况

网站后门是黑客成功入侵网站服务器后留下的后门代码。通过在网站的特定目录中上传远程控制页面,黑客可以暗中对网站服务器进行远程控制,上传、查看、修改、删除网站服务器上的文件,读取并修改网站数据库的数据,甚至可以直接在网站服务器上运行系统命令。

1. 被植入后门网站数量涨幅明显,政府网站后门数量略微增长

2019 年,CNCERT 进一步提升了网站后门监测能力,监测到我国境内 84 850

个(去重后)网站被植入后门,数量较 2018 年的 2.4 万个增长超过 2.59 倍。其中政府网站有 717 个,较 2018 年的 674 个上涨 6.4%。我国境内被植入后门网站按月度统计情况如图 4-10 所示。

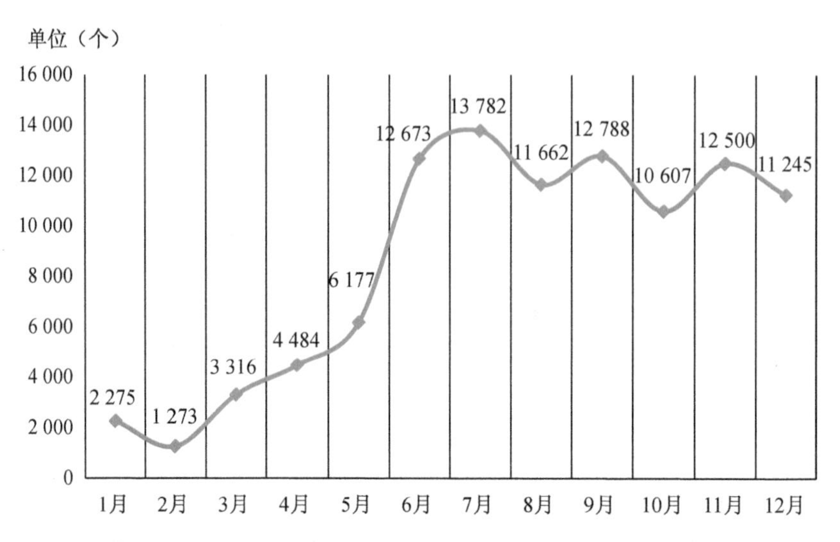

图 4-10　2019 年我国境内被植入后门的网站数量按月度统计

从域名类型来看,2019 年我国境内被植入后门的网站中,代表商业机构的网站(.com)最多,占 69.9%;其次是网络组织类(.net)网站和非营利组织类(.org)网站,分别占 4.2%和 1.6%。2019 年我国境内被植入后门的网站数量按域名类型分布如图 4-11 所示。

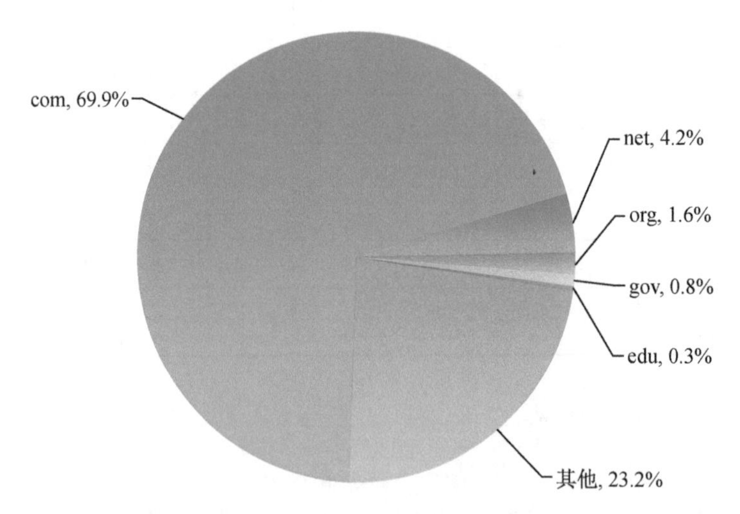

图 4-11　2019 年我国境内被植入后门的网站数量按域名类型分布

如图 4-12 所示,2019 年我国境内被植入后门的网站数量按地域进行统计,排名前 10 位的地区分别是:北京市、广东省、河南省、江苏省、浙江省、上海市、山东省、四川省、福建省、江西省。前十位地区与去年相比,江苏省和江西省进入了前十位,湖北省和

陕西省退出了前十位，其余省份之间仅名次略有变动，与被篡改网站地区分布类似。

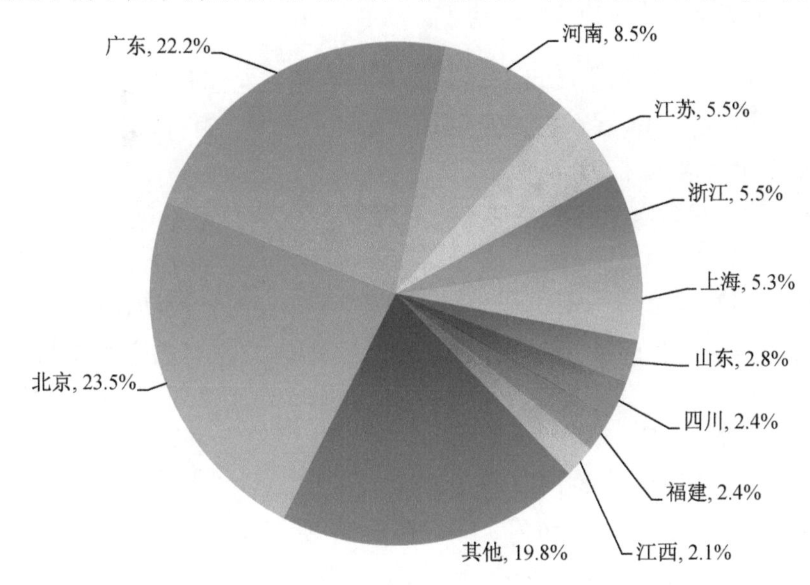

图 4-12　2019 年我国境内被植入后门的网站数量按地区分布

2. 后门攻击源主要来自境外 IP

在受境外攻击方面，2019 年 4 万余个境外 IP 地址（占全部 IP 地址总数的 88.9%）通过植入后门对境内约 8 万个网站实施远程控制，境外控制端 IP 地址和所控制境内网站数量分别较 2018 年增长 186%和 371%。在向我国境内网站实施植入后门攻击的 IP 地址中，主要位于美国（33.5%）、英国（11.4%）和中国香港（7.9%）等国家和地区，这与 2018 年的前三名国家或地区基本一致，如图 4-13 所示。

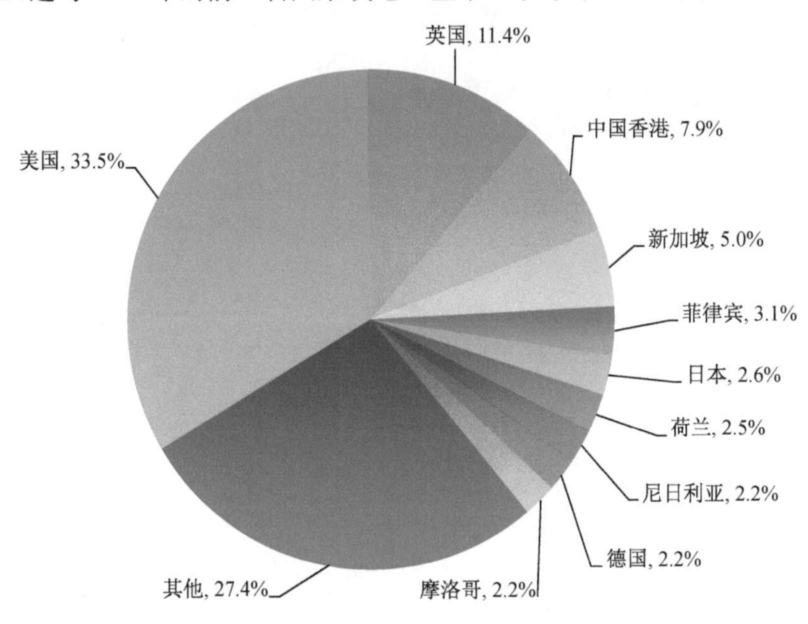

图 4-13　2019 年向我国境内网站植入后门的境外 IP 地址按国家和地区分布

(四) 网页仿冒(网络钓鱼)监测情况

网页仿冒俗称网络钓鱼(Phishing),是一种利用社会工程学欺骗原理与互联网技术相结合的典型应用,旨在窃取上网用户的身份信息、银行账号密码、虚拟财产账户等信息的网络欺骗行为。

1. 仿冒境内网站数量较往年环比大幅增长

2019 年,CNCERT 共监测发现针对我国境内网站的仿冒页面(URL 链接)84 711 个,较 2018 年的 53 049 个大幅上涨 59.7%,这些仿冒页面涉及境内外 7 176 个 IP 地址,较 2018 年的 10 440 个下降 31.3%,平均每个 IP 地址承载 11 个钓鱼页面。在这 7 176 个 IP 地址中,有 6 800 余个(95.8%)位于境外,境外 IP 地址数量较 2018 年显著下降 31.3%。

从钓鱼站点使用域名的顶级域分布来看,以“.com”最多,占 51.5%,其次是“.cn”和“.cc”,分别占 24.8%和 7.9%。2019 年,CNCERT 抽样监测发现的钓鱼站点所用域名按顶级域分布如图 4-14 所示。

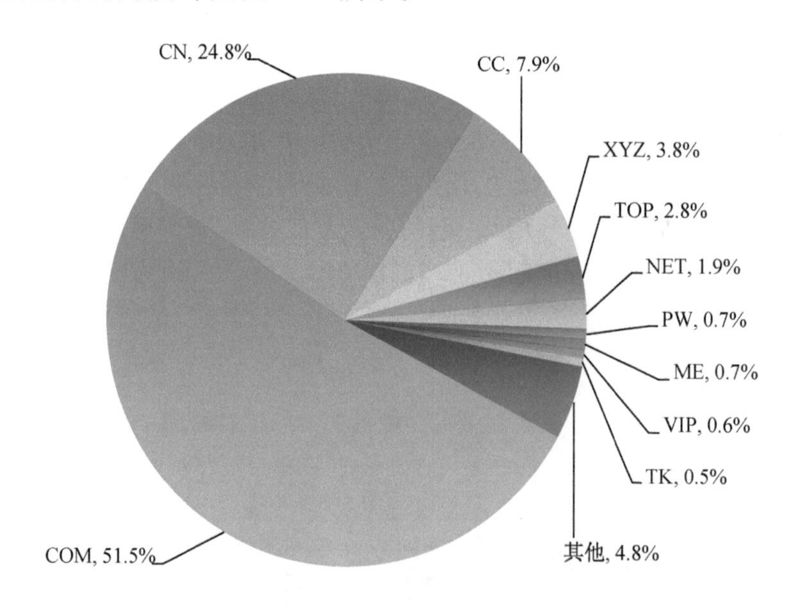

图 4-14 2019 年抽样监测发现的钓鱼站点所用域名按顶级域分布

2. 金融、传媒、支付类网站仍成为仿冒重点目标

仿冒网站给境内用户带来经济上的重大损失,其中一些仿冒网站抓住用户的侥幸心理,以利诱方式诱骗互联网用户,从 2019 年被仿冒对象来看,一些具有较大知名度的传媒、电信运营商、金融、支付类机构容易成为仿冒网站仿冒的目标。其中,金融行业依然是仿冒网站的主要受害方,其数量大幅超过了排名第二的通信行业数量。

同时，还有大量网页仿冒知名媒体和互联网企业的网站页面。不法分子在这类事件中通过发布虚假中奖信息、新奇特商品低价销售信息等开展网络欺诈活动。值得注意的是，除骗取用户的经济利益外，一些仿冒页面还会套取用户的个人身份、地址、电话等信息，导致用户个人信息泄露。

(五) 网络安全事件处置情况

为了能够及时响应、处置互联网上发生的攻击事件，CNCERT 通过热线电话、传真、电子邮件、网站等多种公开渠道接收公众的网络安全事件报告。对于其中影响互联网运行安全、波及较大范围互联网用户或涉及政府部门和重要信息系统的事件，CNCERT 积极协调基础电信企业、域名注册管理和服务机构以及应急服务支撑单位进行处置。

1. 网络安全事件接收情况

2019 年，CNCERT 共接收境内外报告的网络安全事件 107 801 起，较 2018 年的 106 700 起上升 1.0%。其中，境内报告的网络安全事件 107 211 起，较 2018 年上升 1.1%；境外报告的网络安全事件数量为 590 起，较 2018 年下降 13.1%。2019 年 CNCERT 接收的网络安全事件数量月度统计情况如图 4-15 所示。

2019 年，CNCERT 接收到的网络安全事件报告主要来自政府部门、金融机构、基础电信企业、互联网企业、域名注册管理和服务机构、IDC、安全厂商、网络安全组织以及普通网民等。事件类型主要包括网页仿冒、漏洞、恶意程序、网页篡改、网站后门、网页挂马、拒绝服务攻击等，具体分布如图 4-16 所示。

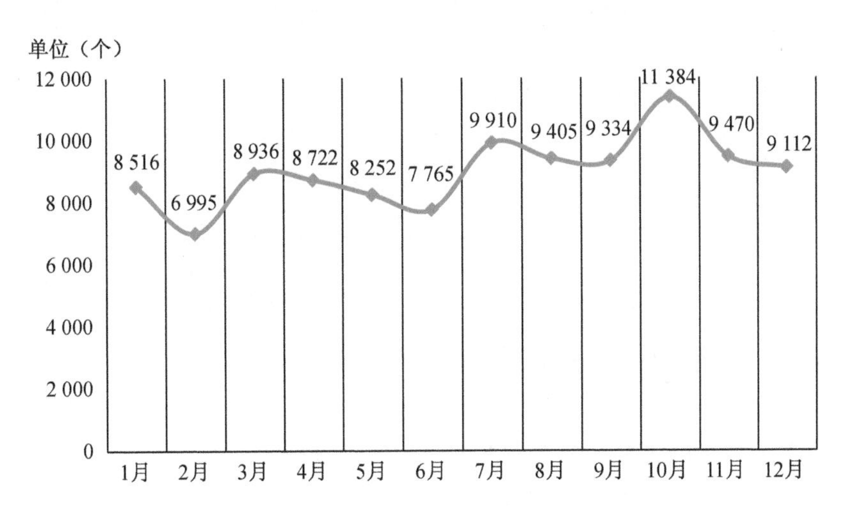

图 4-15　2019 年 CNCERT 网络安全事件接收数量月度统计

2019 年，CNCERT 接收的网络安全事件数量排名前三位的依次是安全漏洞、恶意程序、网页仿冒，具体情况如下。

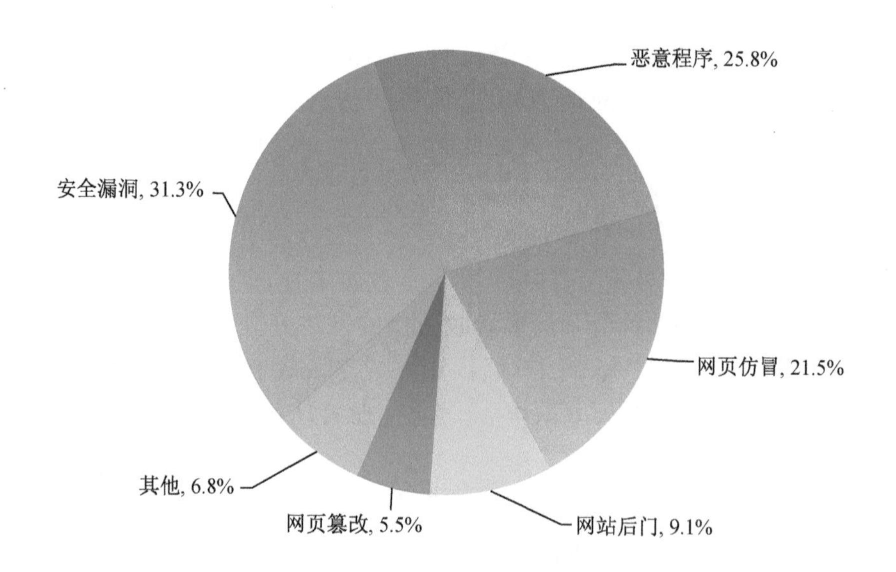

图 4-16　2019 年 CNCERT 接收到的网络安全事件按类型分布

安全漏洞事件数量 33 763 起，较 2018 年的 28 849 起增长 17.0%，占所有接收事件的比例为 31.3%，位居首位。

恶意程序事件数量 27 797 起，较 2018 年的 22 984 起增加 20.9%，占所有接收事件的比例为 25.8%，位居第二。

网页仿冒事件 23 227 起，较 2018 年的 35 481 起下降 34.5%，占所有接收事件的比例为 21.5%，位居第三。

2. 网络安全事件处置情况

对于上述投诉以及 CNCERT 自主监测发现的事件中危害大、影响范围广的事件，CNCERT 积极进行协调处置，以消除其威胁。2019 年，CNCERT 共成功处置各类网络安全事件 107 624 起，较 2018 年的 103 605 起上升 1.8%。2019 年 CNCERT 网络安全事件处置数量的月度统计如图 4-17 所示。2019 年，CNCERT 全年共开展针对木马和僵尸网络的专项清理行动 14 次，并继续加强针对网页仿冒事件的处置工作。在事件处置工作中，基础电信企业和域名注册服务机构的积极配合，有效提高了事件处置的效率。

CNCERT 处置的网络安全事件的类型分布如图 4-18 所示。

安全漏洞事件处置数量排名居于首位，全年共处置 33 792 起，占 31.4%，较 2018 年的 28 526 起增长 18.46%，这些事件主要来源于 CNVD 平台收录并处置的漏洞事件。

其次是恶意程序类事件。2019 年，CNCERT 处置恶意程序类事件 27 585 起，占 25.6%，较 2018 年的 22 645 起增长 21.81%。

排名第三的是网页仿冒事件，全年共处置 23 224 起，占 21.6%。CNCERT 处

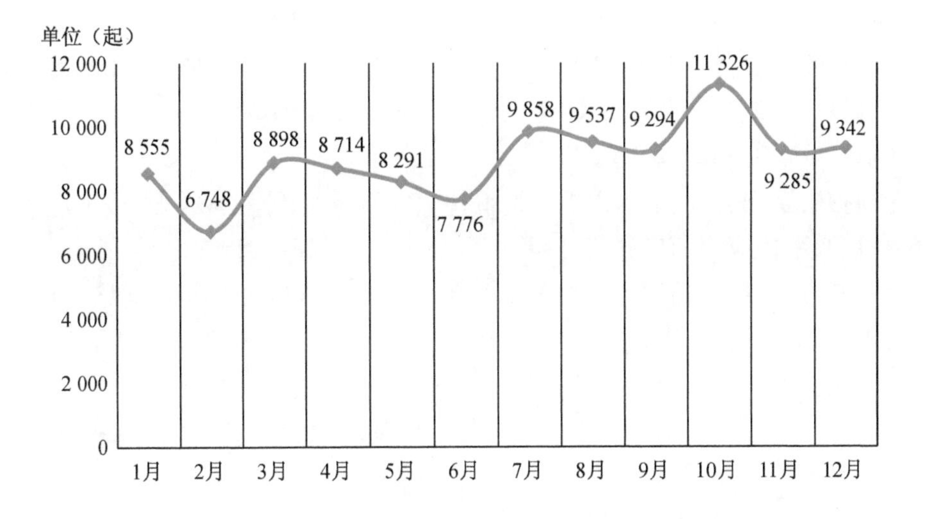

图 4-17 2019 年 CNCERT 网络安全事件处置数量月度统计

置的网页仿冒事件主要来源于自主监测发现和接收用户报告(包括中国互联网协会 12312 举报中心提供的事件信息)。在处置的针对境内网站的仿冒事件中,有大量网页仿冒境内著名金融机构和大型电子商务网站,黑客通过仿冒页面骗取用户的银行账号、密码、短信验证码等网上交易所需信息,进而窃取钱财。CNCERT 通过及时处置这类事件,有效避免普通互联网用户由于防范意识薄弱而导致的经济损失。值得注意的是,除骗取用户的经济利益外,一些仿冒页面还会套取用户的个人身份、地址、电话等信息,导致用户个人信息泄露。

此外,影响范围较大或涉及政府部门、重要信息系统的网站后门、网页篡改、拒绝服务攻击等事件也是 2019 年 CNCERT 事件处置工作的重点。

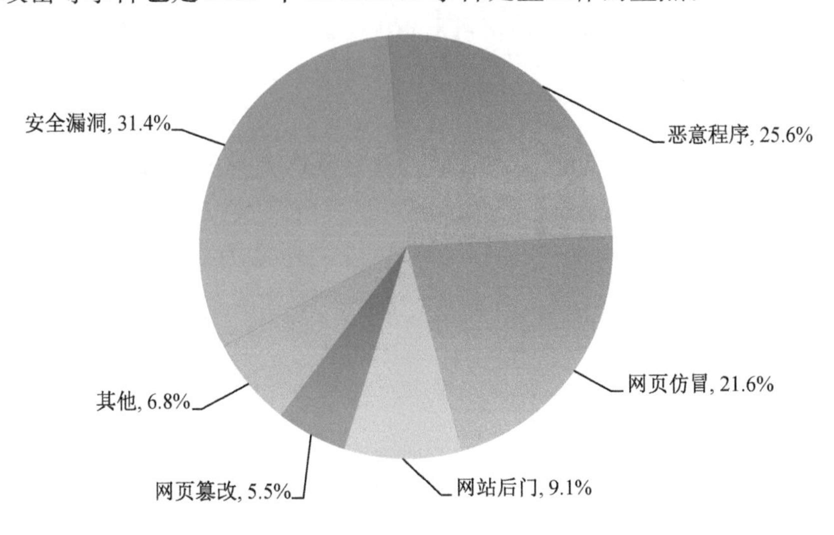

图 4-18 2019 年 CNCERT 处置的网络安全事件按类型分布

2019年,CNCERT加大公共互联网恶意程序治理力度。CNCERT及各地分中心积极组织开展公共互联网恶意程序的专项打击和常态治理工作,加强对木马和僵尸网络等传统互联网恶意程序、移动互联网恶意程序的处置力度,以打击黑客地下产业链,维护公共互联网安全。

专项打击工作方面。CNCERT组织基础电信企业、互联网企业、域名注册管理和服务机构、手机应用商店先后开展14次公共互联网恶意程序专项打击行动。在传统互联网方面,共成功关闭境内外1 548个控制规模较大的僵尸网络,成功切断黑客对近1 244万个感染主机的控制;在移动互联网方面,下架3 057个恶意APP程序。

2019年,CNCERT协调各分中心持续开展的恶意程序专项打击和常态治理行动取得良好效果,公共互联网安全环境逐步好转。

3. 网站安全漏洞典型案例

2019年,CNCERT协调处置10.7万余起网络安全事件。CNCERT梳理了部分处置的典型网站安全案例,具体如下:

(1) ThinkPHP 5.0.x存在远程代码执行漏洞

2019年1月11日,国家信息安全漏洞共享平台(CNVD)收录了ThinkPHP远程代码执行漏洞(CNVD-2019-01092)。攻击者利用该漏洞,可在未授权的情况下远程执行代码。目前,漏洞利用原理已公开,厂商已发布新版本修复此漏洞。

ThinkPHP采用面向对象的开发结构和MVC模式,融合了Struts的思想和TagLib(标签库)、RoR的ORM映射和ActiveRecord模式,是一款兼容性高、部署简单的轻量级国产PHP开发框架。

2019年1月11日,ThinkPHP团队发布了版本更新信息,修复了远程代码执行漏洞。该漏洞是由于框架在对关键类Request处理过程中,通过变量覆盖实现对该类任意函数的调用,构造相应请求可对Request类属性值进行覆盖,导致任意代码执行。攻击者利用该漏洞,可在未经授权的情况下,对目标网站进行远程命令执行攻击。

(2) Oracle WebLogic wls9-async组件存在反序列化远程命令执行漏洞

2019年4月17日,国家信息安全漏洞共享平台(CNVD)收录了由中国民生银行股份有限公司报送的Oracle WebLogic wls9-async反序列化远程命令执行漏洞(CNVD-C-2019-48814)。攻击者利用该漏洞,可在未授权的情况下远程执行命令。

WebLogic Server是美国甲骨文(Oracle)公司开发的一款适用于云环境和传统环境的应用服务中间件,它提供了一个现代轻型开发平台,支持应用从开发到生产的整个生命周期管理,并简化了应用的部署和管理。

wls9-async组件为WebLogic Server提供异步通讯服务,默认应用于WebLogic部分版本。由于该WAR包在反序列化处理输入信息时存在缺陷,攻击

者通过发送精心构造的恶意 HTTP 请求，即可获得目标服务器的权限，在未授权的情况下远程执行命令。

(3) Coremail 邮件系统存在服务未授权访问和服务接口参数注入漏洞

2019 年 6 月 15 日，国家信息安全漏洞共享平台(CNVD)收录了由论客科技(广州)有限公司报送的 Coremail 邮件系统服务未授权访问漏洞(CNVD-C-2019-78549)和服务接口参数注入漏洞(CNVD-C-2019-78550)。攻击者利用该漏洞，可在未授权的情况下访问部分服务接口和进行接口参数注入操作。目前，漏洞相关细节和验证代码已开始小范围传播，厂商已发布补丁进行修复，建议用户立即更新或采取临时修补方案进行防护。

Coremail 邮件系统是论客科技(广州)有限公司(以下简称论客公司)自主研发的大型企业邮件系统，为客户提供电子邮件整体技术解决方案及企业邮局运营服务。Coremail 邮件系统作为我国第一套中文邮件系统，客户范围涵盖党政机关、高校、知名企业以及能源、电力、金融等重要行业单位，在我国境内应用较为广泛。

2019 年 6 月 15 日，国家信息安全漏洞共享平台(CNVD)收录了由论客科技(广州)有限公司报送的 Coremail 邮件系统服务未授权访问漏洞和服务接口(API)参数注入漏洞。Coremail 邮件系统 apiws 模块上的部分 WebService 服务存在访问策略缺陷和某 API 服务参数存在注入缺陷，使得攻击者综合利用上述漏洞，在未授权的情况下远程访问 Coremail 部分服务接口，通过参数构造注入进行文件操作。

(4) Redis 存在远程命令执行漏洞

2019 年 7 月 10 日，国家信息安全漏洞共享平台(CNVD)收录了 Redis 远程命令执行漏洞(CNVD-2019-21763)。攻击者利用该漏洞，可在未授权访问 Redis 的情况下执行任意代码，获取目标服务器权限。目前，漏洞利用原理已公开，官方补丁尚未发布。

Redis 是一个开源的使用 ANSI C 语言编写、支持网络、可基于内存亦可持久化的日志型、Key-Value 数据库，并提供多种语言的 API。作为一个高性能的 key-value 数据库，Redis 在部分场景下对关系数据库起到很好的补充作用。

2019 年 7 月 7 日，LC/BC 的成员 PavelToporkov 在 WCTF2019 Final 分享会上介绍了 Redis 新版本的远程命令执行漏洞的利用方式。由于在 Reids 4. x 及以上版本中新增了模块功能，攻击者可通过外部拓展，在 Redis 中实现一个新的 Redis 命令。攻击者可以利用该功能引入模块，在未授权访问的情况下使被攻击服务器加载恶意 . so 文件，从而实现远程代码执行。

(5) 泛微 e-cology OA 系统存在 SQL 注入漏洞

2019 年 10 月 10 日，国家信息安全漏洞共享平台(CNVD)收录了泛微 e-cology OA 系统 SQL 注入漏洞(CNVD-2019-34241)。攻击者利用该漏洞，可在未授权的情况下进行 SQL 注入，获取数据库敏感信息。目前，漏洞利用原理已在小范围公开，官方补丁尚未发布。

泛微专注于协同管理OA软件领域,并致力于以协同OA为核心,帮助企业构建全新的移动办公平台。作为协同管理软件行业的实力企业,泛微有业界优秀的协同管理软件产品。在企业级移动互联大潮下,泛微发布了全新的以“移动化、社交化、平台化、云端化”四化为核心的全一代产品系列,包括面向大中型企业的平台型产品e-cology、面向中小型企业的应用型产品e-office、面向小微型企业的云办公产品eteams,以及帮助企业对接移动互联的移动办公平台e-mobile和帮助快速对接微信、钉钉等平台的移动集成平台等。

泛微e-cologyOA系统的WorkflowCenterTreeData接口在使用Oracle数据库时,由于内置SQL语句拼接不严,导致泛微e-cology OA系统存在SQL注入漏洞。攻击者利用该漏洞,可在未授权的情况下,远程发送精心构造的SQL语句,从而获取数据库敏感信息。

(6) WebSphere存在远程代码执行漏洞

2019年6月26日,国家信息安全漏洞共享平台(CNVD)收录了WebSphere远程代码执行漏洞(CNVD-2019-18510)。攻击者利用该漏洞,可在未授权的情况下远程执行代码。目前,漏洞利用原理已公开,厂商已发布新版本修复此漏洞。

WebSphere Application Server是一种功能完善、开放的Web应用程序服务器,基于Java和Servlets的Web应用程序运行,是IBM电子商务计划的核心部分,由于其可靠、灵活和健壮的特点,被广泛应用于企业的Web服务中。

2019年5月16日,IBM官方发布了版本更新信息,修复了远程代码执行漏洞。攻击者可以在未经授权的情况下,远程发送精心构造的序列化对象,导致任意代码执行。攻击者可发送精心构造的序列化对象到服务器,最终导致在服务器上执行任意代码。

第五部分　企业网站安全专题

Ⅰ　网站安全常见问题及应对措施

（本节数据来源：深圳市腾讯计算机系统有限公司）

2020 年 3 月份以来，中央多次提出加快发展以 5G、大数据中心、人工智能、工业互联网等为代表的“新型基础设施建设”。随着对数字技术的加大投入、积累与发展，数字资产成为企业核心资产之一，安全将成为企业数字化的核心考量。

腾讯安全云鼎实验室负责人董志强认为：“网络安全本质是攻防，安全是一个博弈对抗的过程。攻击者会不断寻找防护方的弱点，防护方也需要不断研究黑客思维，探索应对黑客攻击的方法，从而提升安全防护能力和效率。”数字新基建的一个典型特征，就是打破了很多行业边界，加速了产业间的融合创新，这也将成为很多成长型企业换道超车的机会，安全已经成为企业的核心竞争力之一。

一、网络安全态势分析

就 2019 年全年网络安全态势而言，网络安全事件数量仍然呈现上升趋势。一是，DDoS 攻击凭借其极低的技术门槛和成本位居网络攻击之首，大量 DDoS 黑产通过恶意流量挤占网络带宽，扰乱正常运营。二是，2019 年度针对企业终端的攻击依然未有放缓。一方面，攻击者通过漏洞利用、爆破攻击、社工钓鱼等主流攻击方式攻陷企业服务器，进而通过内网横向渗透进一步攻陷更多办公机器。另一方面，企业员工的不良上网习惯也同样会给企业带来一定的威胁，包括使用盗版系统、破解补丁、游戏外挂等。三是，针对云平台传统网络架构的入侵、病毒等安全问题也逐渐呈常态化趋势，针对云平台架构的虚拟机逃逸、资源滥用、横向穿透等新的安全问题层出不穷。四是，勒索病毒、挖矿木马已成为近年主流的 PC 端恶意软件，并形成了完整的产业链。

暗流涌动的网络黑产、重新崛起的 DDoS 攻击、层出不穷的各类木马、趋于常态的病毒勒索，影响深远的数据泄露都为企业的数字化转型带来了巨大的挑战。频发的网络安全事件，加重了企业在数字化转型过程中关于网络安全的思考。

（一）终端安全

2019 年企业终端风险中，风险木马软件在病毒攻击事件中占比最高，达到 44%。相对上半年占比提高了 4%。风险木马软件染毒占比较高主要是因为其传播渠道有着广大的受众,其中最典型的就是各种软件下载器。在企业终端中,风险类软件感染占比最多(占比 44%),其次为后门远控类木马(占比 21%)。如图 5-1 所示。

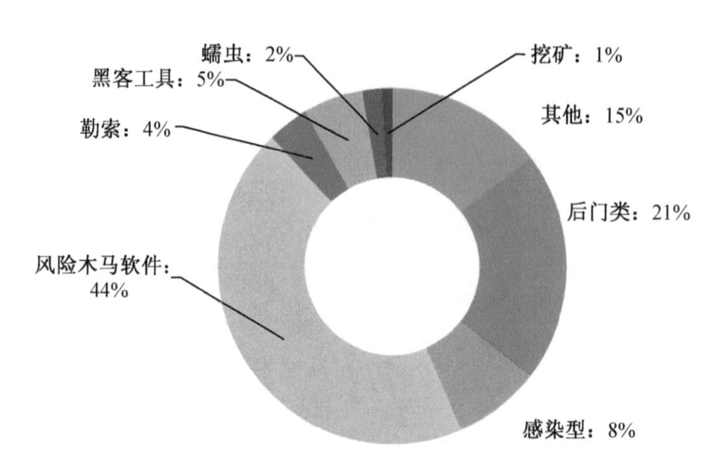

图 5-1　企业终端染毒类型分布

漏洞利用及端口爆破是攻陷终端设备的重要手段,尤其是针对企业服务器的攻击,通过漏洞利用或爆破攻击公网环境下的服务器,随后进行内网横向渗透,整个过程中漏洞利用及端口爆破都是最常用的手段。

(二) 数据安全

对于任何企业而言,数据都是最宝贵的资产,尤其是业务数据和用户数据,更是关乎其存亡的关键信息。随着越来越多的企业将业务迁移到云上,部分敏感数据也驻留在云上,数据安全已经成为所有企业在产业互联网时代必须直面的挑战。数据安全问题主要表现为数据泄露和数据丢失。

1. 数据泄露

据 risk based security 统计,2019 年上半年,世界范围内已经发生了 3 813 起数据泄露事件,被公开的数据达 41 亿条。全球正遭受高频次爆发的数据泄露安全事件困扰,通过腾讯云安全团队对暗网的热词分析发现,“数据”“身份证”“四件套”“密码”等关于数据泄露的词汇占比极大,数据泄露短期看似乎不能产生重要影响,但长期来看是关乎个人、组织、企业,甚至是国家安全的重要事件。对于云服务提供商来说,可以提供数据分类,以及合适的安全方案和策略来防止数据泄露。最终客户也有责任通过正确配置、使用云服务商提供的数据保护服务、数据加密等方式,保护其在云中的数据。

2. 数据丢失

数据丢失的可能原因包含:意外删除文件、恶意软件(勒索软件)、硬盘故障、电源故障、账号劫持/入侵及其他意外情况。云服务商通过多副本技术、多地容灾

等安全策略来为云平台提供可靠性和可用性更高的数据保护服务，同时云服务提供商也向云服务使用方提供数据备份服务和工具(例如快照、灾备、离线备份等)，用以支撑用户自己对数据备份的操作。此外，云服务提供商专业 IT 运维团队可以及时处理备份以及紧急情况，帮助企业(尤其是小企业)提升数据保护和容灾能力。

(三) 邮件安全

根据 2019 年威胁情报监测数据，每天有大量垃圾邮件通过掺杂成语释义、敏感词混淆等手段与各类邮箱反过滤机制的对抗。恶意邮件可以分为：诱导回复敏感信息、诱导打开钓鱼页面链接、诱导打开带毒附件。企业用户日常容易遇到后两种案例，典型代表如带恶意附件的鱼叉邮件。鱼叉邮件主要以投递“窃密”“远控”“勒索”木马为目的。近年来，为了快速变现，投递勒索病毒的趋势日益加剧。

(四) 云安全

在云平台上，传统网络架构中的 DDoS、入侵、病毒等安全问题是常态问题；与此同时，针对云平台架构的虚拟机逃逸、资源滥用、横向穿透等新的安全问题也层出不穷；而且，由于云服务成本低、便捷性高、扩展性好的特点，利用云提供的服务或资源去攻击其他目标的也成为一种新的安全问题。根据腾讯云安全团队的情报数据显示，云资源作为攻击源的比例在所有国内攻击源中已接近一半。如图 5-2 所示。

在云计算生态环境下，暴露给攻击者的信息表面看与传统架构中基本一致，但是由于云生态环境下虚拟化技术、共享资源、相对复杂的架构以及逻辑层次的增加，导致可利用的攻击面增加，攻击者可使用的攻击路径和复杂度也大大增加。腾讯等领先云服务商建立了完善的云上业务的事前安全预防、事中监测与威胁检测及事后响应处置等全闭环云安全保障方案，助力提升企业的云安全能力。

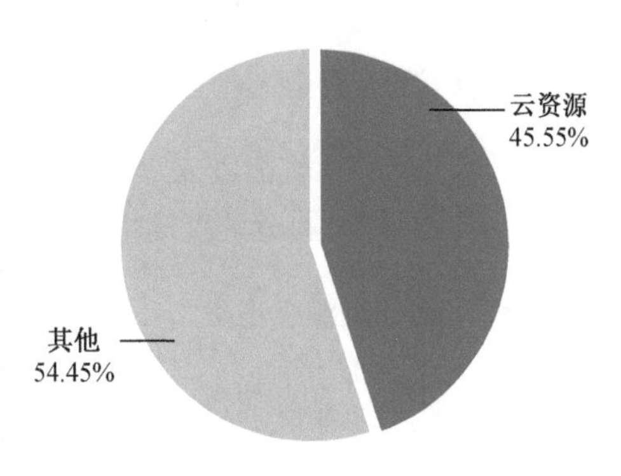

图 5-2　攻击来源中云资源占比(国内)

二、网站安全常见问题

网站作为政府、企业和社会组织面向互联网用户提供业务信息及展示形象的窗口，一旦遭到攻击，造成重要信息被篡改、敏感信息泄露、网站瘫痪，将严重影响其业务开展，并造成负面社会影响及声誉影响。因此，确保网站安全以成为安全能力建设的一大重点。

由于企业在网站开发中对安全性的考虑欠缺，造成大部分企业网站都存在安全漏洞，网站成为黑客最常见的攻击和入侵目标，引发网站瘫痪、数据泄露等问题。目前最常见的网站安全问题有DDoS攻击、XSS攻击、SQL注入、CSRF攻击及其他漏洞攻击类型等。

(一) DDoS攻击

DDoS攻击是黑客通过操纵被攻陷的海量终端，同一时间向攻击目标发起大量访问流量，最终导致被攻击服务器无法提供正常服务，给企业带来经济损失和客户负面感知。

(二) XSS攻击

XSS攻击主要指攻击者利用网页开发时无意中产生的漏洞，将精心构造的恶意代码通过POST表单等方式注入到对应网页中，使用户在访问特定网页时，被动加载并执行攻击者注入的恶意脚本，从而使用户信息被盗取。

(三) SQL注入攻击

SQL注入攻击指攻击者将恶意SQL语句与访问URL拼接，插入数据库操作动作，使攻击者能够利用数据库的控制权获得库内敏感信息，部分SQL注入攻击可以绕过身份鉴权、WAF等网络安全应用、软件，以欺骗应用服务器的方式执行恶意SQL语句命令，或可造成网站应用数据泄露、数据丢失等严重影响。

(四) CSRF攻击

CSRF攻击指攻击者通过伪装成用户身份，以用户名义发送伪造请求至受攻击站点，利用网站对伪造请求的信任，在未授权的情况下执行越权操作。

(五) 其他漏洞攻击类型

攻击者通过点击劫持、URL跳转漏洞、网页篡改与挂马等其他漏洞攻击方式展开攻击。

三、网站安全解决方案

腾讯安全作为互联网安全领先品牌，致力于成为产业数字化升级进程中的安全战略官，依托20年多业务安全运营及黑灰产对抗经验，为超过十亿海量用户提供安全防护。凭借行业顶尖安全专家、最完备安全大数据及AI技术积累，为企业从“情报-攻防-管理-规划”四维构建安全战略，产品矩阵涉及终端安全、网络安全、云安全、业务安全、数据安全、网站安全、安全管理、安全服务等多个安全方向，提供紧贴业务需要的安全最佳实践，为产业数字化升级保驾护航。

在网站安全领域，腾讯已经形成成熟的事前威胁检测、事中威胁防御、事后威胁处置的全流程安全防护、预警和升级迭代的解决方案。

（一）事前威胁检测

通过对网站业务平台进行全局、深度安全检查和评估，使用户充分了解网站存在的安全隐患，及时发现安全问题，并进行针对性的安全加固，防止安全隐患被利用，在事前阶段提供全面的预防解决方案。

产品：漏洞扫描服务、网站渗透测试、代码审计、数据库安全审计。

服务内容：安全评估、渗透测试、代码审计、安全加固。

1. 网站渗透测试、漏洞扫描服务

模拟黑客的行为及可能使用的攻击技术和漏洞发现技术，对系统进行探测，发现薄弱环节。帮助企业发现网络面临的问题和潜在风险，提供加固意见。渗透测试是通过模拟真正的黑客入侵攻击方法，以人工渗透为主，辅助以攻击工具的使用，对目标网络/系统/主机/应用的安全性做深入探测，发现系统中的安全脆弱性。该测试有利于安全隐患排查、安全技能提升、安全意识教育。

【测试方法】

（1）自动测试

自动测试是指借助系统和应用扫描工具对站点的系统层和应用层进行全面的安全扫描，以此种方法来检测目标系统中是否包含已知的安全问题。

（2）手动测试

手动测试作为自动测试的一种补充，是渗透测试过程中必不可少的一个重要部分，但因手动测试由测试人员发起，因此，测试人员的个人技能和经验直接影响手动测试的结果。主要内容包括对自动化测试的结果进行验证、个性化页面信息的人工甄别、提交数据的精细化测试、业务逻辑的安全测试。

（3）黑盒测试

在渗透测试中，黑盒测试则是指，测试人员在仅获得目标的IP地址或域名信息的情况下，对目标系统发起模拟入侵的尝试。

（4）内部测试与外部测试

内部测试指测试人员在用户现场直接介入到用户内部网路，对目标系统发起模拟入侵的测试行为；外部测试指用户直接从互联网对测试目标系统进行访问和各类安全测试，这种测试用于验证来自互联网的威胁。

【流程】

渗透测试的流程如图5-3所示。

2. 代码审计

网站设计者对于网站应用开发过程中所存在的漏洞考虑不全面造成黑客对这些漏洞敏锐发觉和充分利用，成为黑客们直接或间接获取利益的机会。代码审计

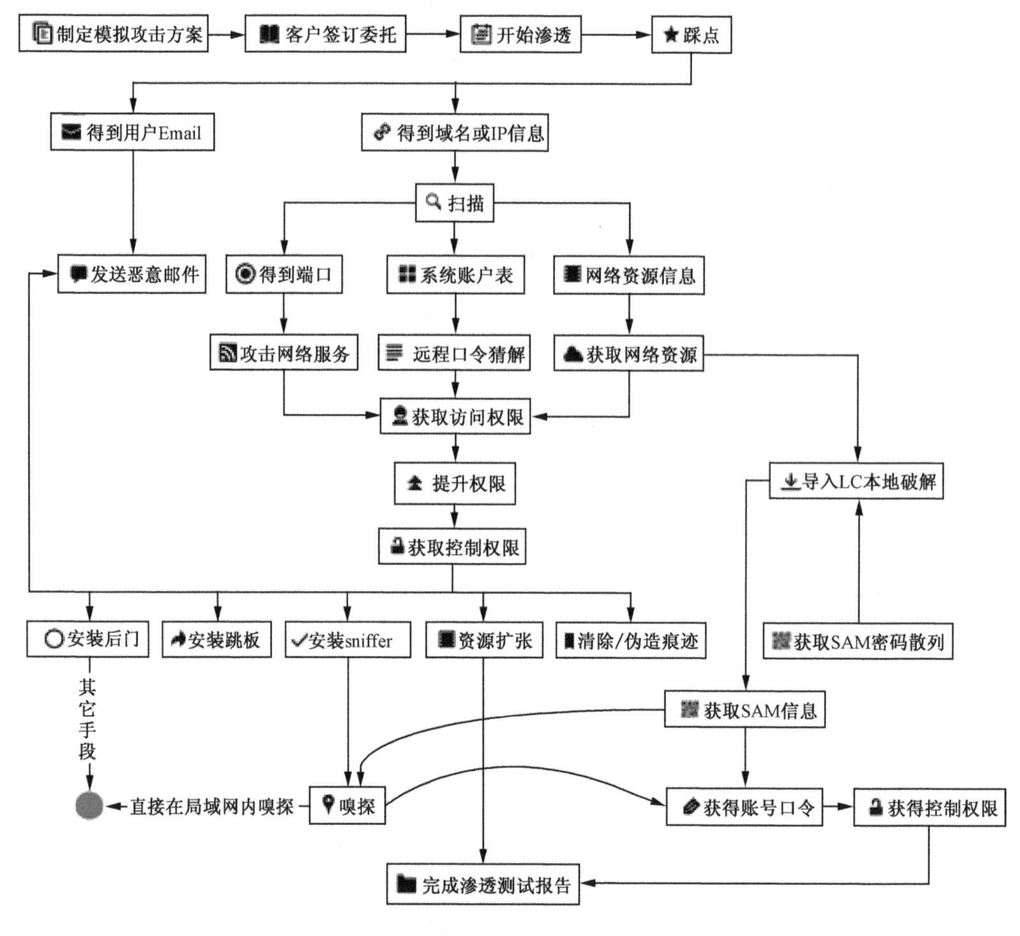

图 5-3　渗透测试的流程

可提供通过自动化分析工具和人工审查的组合审计方式,对程序源代码逐条进行检查、分析,发现其中的错误信息、安全隐患和规范性缺陷问题,以及由这些问题引发的安全漏洞,提供代码修订措施和建议。

【审计内容】

审计内容为开源框架、越权、避免交易限制、Cookies 和 Session、授权绕过、SQL 注入漏洞等。代码审计有利于明确安全隐患点、提高安全意识、提高开发人员安全技能。

【必要性】

在风险评估过程中,代码审计是一般脆弱性评估的补充,其代码覆盖率达 100%,能够找到一些安全测试所无法发现的安全漏洞。同时,主持代码审计的安全服务人员具备丰富的安全编码经验和技能,所以比常见的脆弱性评估手段会更强、粒度更细致。

【流程】

代码审计的流程如图 5-4 所示。

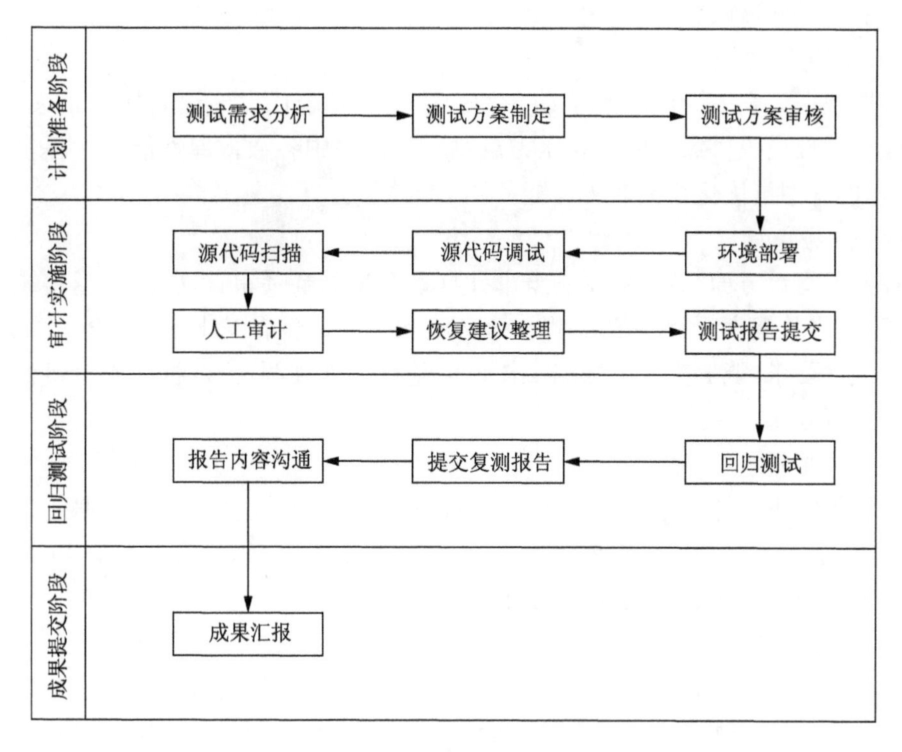

图 5-4　代码审计的流程

3. 数据安全审计

数据安全审计系统是一款基于人工智能的数据库安全审计系统，可挖掘数据库运行过程中各类潜在风险和隐患，保护数据库安全。

【系统功能】

（1）人工智能威胁识别

依托腾讯云专业的深度学习技术和丰富的样本训练环境，数盾 AI 引擎能够应对变化多端的攻击场景，对各类变体攻击以及非常见威胁操作实现监控。在数据攻击日益多样化的今天，将为数据库安全提供更为精准的威胁分析和告警。

（2）CVE 规则库威胁识别

结合即时安全情报，具备强大的 CVE 引擎，能够根据威胁攻击、恶意操作、SQL 注入的流量特征对安全事件进行告警。

（3）自定义规则审计

支持按照库、表、字段、访问源、数据库实例等多种维度进行审计规则设置，安全策略灵活自由，实现精细化监控；可根据不同场景不同类型的应用进行个性化定制，精确掌控数据库访问信息。

（4）风险报表

整合 CVE 引擎、AI 引擎、自定义规则库的监控信息，将全网数据库风险按照高、中、低三类详尽地展示在数据库管理员面前。风险可视化效果直观，内容简单易懂,能够辅助管理员全面掌握安全信息,为数据安全建设提供有力依据。

(5) 语句压力预警

数盾数据安全审计能够基于动态的会话信息整合成实时语句压力报表,从网络层面为管理员提供数据库语句压力概览。为网络中各数据库性能问题提供预测情报,辅助管理员优化相关业务性能。

(6) 业务审计

在业务审计方面,数盾数据安全审计具备全量的会话审计功能,超越传统安全审计概念,将数据库所有的 SQL 操作全部收入眼底。会话审计类别齐全,存储周期满足合规性要求,能够为各类数据操作行为进行详细溯源,为数据库安全事件提供便利的追责效果。

(7) 运维审计

不仅能够审计业务系统与数据库之间的操作,而且能够对负责数据库日常运维的 DBA 进行审计。审计内容包括登录时间、所用账户、SQL 语句类型、SQL 内容等信息,确保 DBA 的行为在受控范围内。

(8) 自定义报告

周期性的统计报告有利于提高管理员对全局安全信息的掌控力度。数盾数据安全审计支持 20+的报告内容,并且可以自由组合,精准提供管理员在日常管理过程中所需的安全信息。

(9) 威胁告警

能够在威胁操作被识别的瞬间,通过告警向相关管理员发送操作的源 IP、所用账户、操作语句等各项信息。告警方式支持微信告警、短信告警、邮件告警等,多种途径确保警报及时通知管理员。如图 5-5 所示。

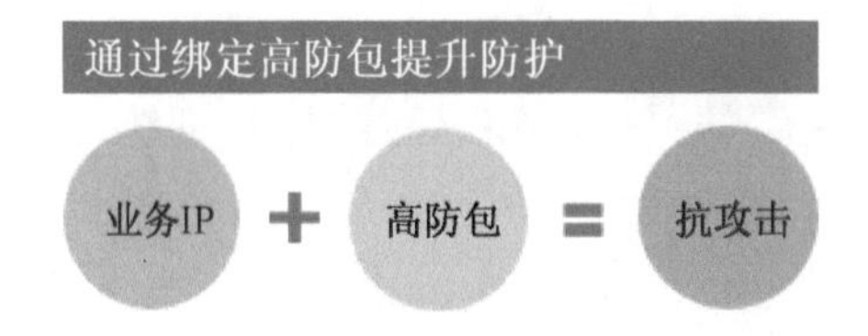

图 5-5　客户在腾讯云的业务 IP,通过绑定高防包,获得 DDoS 防护能力

(二) 事中威胁防御

通过对网站进行持续、多维度安全监测,结合安全风险评估模型,帮助客户实时地了解网站面临的安全风险。同时配合安全防护体系,有效应对多种安全威胁。通过安全值守及巡检服务,提高整体网站系统安全运维的质量,降低运营风险及成本。

产品:DDoS 防护、Web 应用防火墙、主机安全、堡垒机。

服务内容:网站威胁防护服务、防 DDoS 服务、服务器安全服务、运维安全防

护等。

1. 网络安全防护:DDoS 防护

DDoS 防护具有全面、高效的防护能力,为企业组织提供 DDoS 高防、高防 IP 等多种解决方案应对 DDoS 攻击问题。腾讯云通过足够量的 DDoS 防护资源,结合 AI 智能识别的清晰算法,保障用户业务的稳定、安全运行。

【解决方案】

根据不同使用场景,腾讯云 DDoS 防护(大禹)还推出了 DDoS 基础防护、DDoS 高防包、DDoS 高防 IP 等子产品。针对不同行业客户业务需求,提供多样化防护解决方案:

(1) DDoS 基础防护

DDoS 基础防护是腾讯云免费为所有云内设备提供的 DDoS 防护服务,所有来自 Internet 的流量都要先经过 BGP 牵引路由,将该 IP 的流量牵引至清洗集群防护,会针对常见的攻击进行清洗过滤。可以防御 SYN Flood、UDP Flood、ACK Flood、ICMP Flood 和 DNS Flood 等 DDoS 攻击。

(2) DDoS 高防包

BGP 高防包是腾讯云针对业务部署在腾讯云内的用户推出的抗 DDoS 攻击服务的付费产品,最高可达 310 Gbps 的 BGP 线路防护,能轻松有效应对 DDoS、CC 攻击,确保业务稳定正常。如图 5-6 所示。

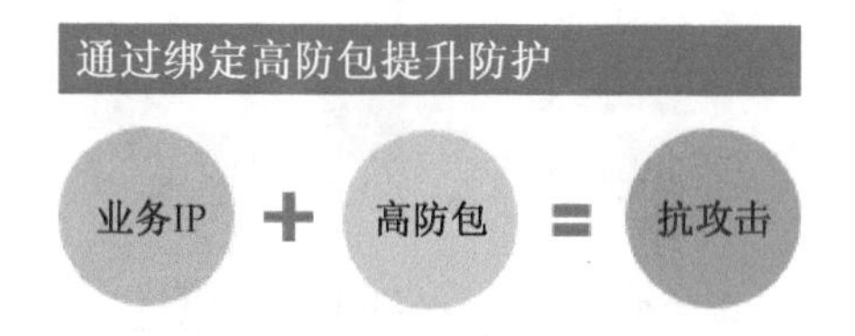

图 5-6　客户在腾讯云的业务 IP,通过绑定高防包,获得 DDoS 防护能力

BGP 高防包主要的优势是可以直接把防御能力加载到云产品上,不需要更换 IP,也没有四层端口、七层域名数等限制。同时,BGP 高防包的购买和部署过程也非常的简单,购买后只需要绑定需要防护的云产品的 IP 地址即可使用,只需几分钟即可生效。

(3) DDoS 高防 IP

BGP 高防 IP 是针对互联网服务器(包括非腾讯云主机)在遭受大流量 DDoS 攻击后导致服务不可用的情况下,推出的付费增值服务。针对攻击在传统的代理、探测、反弹、认证、黑白名单、报文合规等标准技术的基础上,结合 Web 安全过滤、信誉、七层应用分析、用户行为分析、特征学习、防护对抗等多种技术,对威胁进行阻断过滤,保证被防护用户在攻击持续状态下,仍可对外提供业务服务。如图 5-7 所示。

【架构示意图】

图 5-8 是腾讯云 DDoS 防护体系架构示意图。

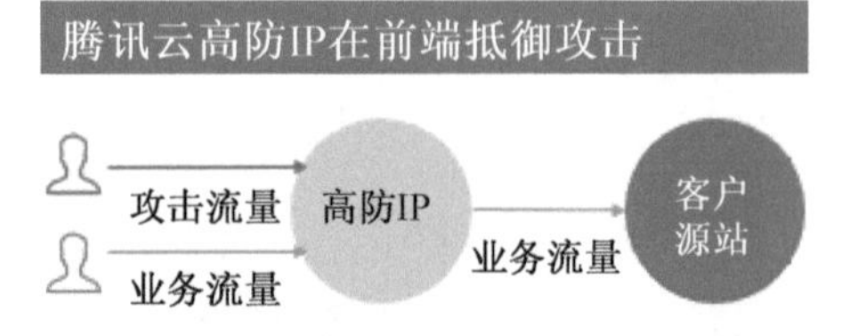

图 5-7　客户把腾讯云高防 IP 作为业务 IP,将攻击流量引流至腾讯高防机房,清洗后回源到客户源站

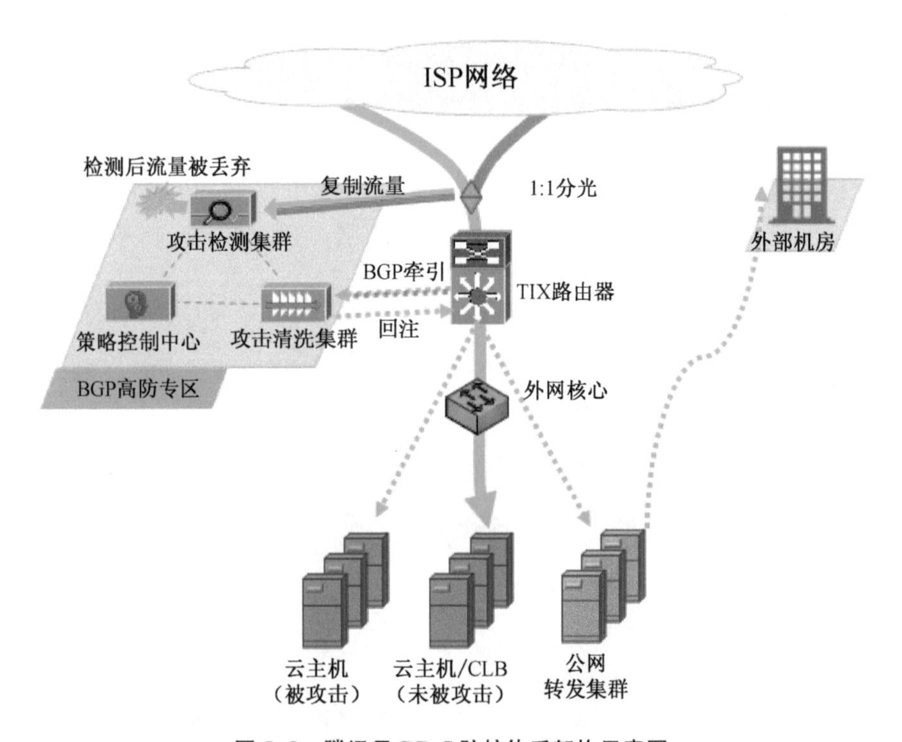

图 5-8　腾讯云 DDoS 防护体系架构示意图

检测原理主要为基于流量建模分析客户 IP 的流量中是否存在攻击流量。攻击检测包括但不局限于:SYN Flood、ACK Flood、UDP Flood、ICMP Flood、CC 攻击等。检测到某个 IP 被攻击后,清洗集群向核心路由发布 BGP 牵引路由,将该 IP 的流量牵引至清洗集群防护。清洗后的干净流量,再通过 BGP 路由回注至核心路由,最终流至客户的云主机或通过转发集群流至客户在腾讯云外的机房。

防护算法,主要利用腾讯云安全团队多年的技术积累。在传统的代理、反向探测、认证、黑白名单、报文合规等标准技术的基础上,结合安全信誉、大数据分析、用户行为分析、特征学习等多种技术手段,对威胁进行阻断过滤,仅对数据报文头部进行分析。防护系统对客户的业务数据完全无感知,不涉及、不查阅业务负载报文,保证被用户在攻击持续状态下,仍可对外提供业务服务。

2. 主机安全防护：主机安全(云镜)

基于威胁数据，利用机器学习，为用户提供黑客入侵检测和漏洞风险预警等安全防护服务，包括密码破解拦截、异常登录提醒、木马文件查杀、高危漏洞检测等安全功能，解决当前服务器面临的主要网络安全风险，帮助企业构建服务器安全防护体系，防止数据泄露。

【核心功能】

(1) 木马文件云检测

依托腾讯的全网恶意文件样本收集能力和基于机器学习的网站后门检测技术，可以实时准确地检测各类木马恶意文件，同时提供一键清理等功能，第一时间清除木马后门文件，确保用户服务器的安全。

(2) 密码破解攻击拦截

针对密码破解事件，云安全中心支持对恶意破解行为进行精准拦截，降低服务器被密码破解的风险；共享全网恶意拦截库，自动实施拦截策略。如图 5-9 所示。

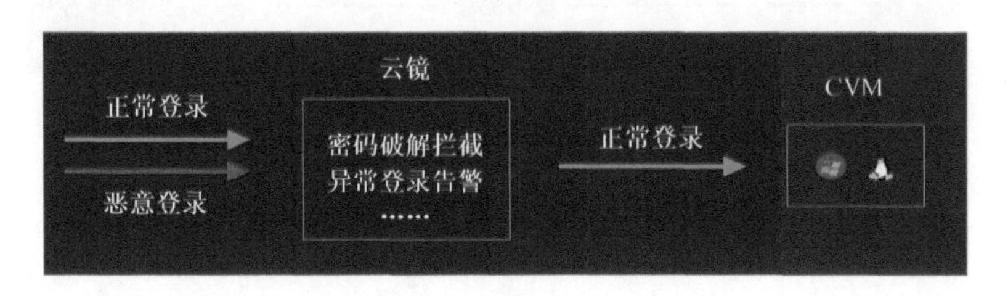

图 5-9　密码皮杰攻击拦截机制

(3) 异常登录检测

基于用户的常用登录地和固定 IP 两个维度，对服务器的登录日志进行分析，识别出服务器登录流水中的异地、异常登录行为，并且实时通知给用户。根据服务器的账户登录流水，也可以进行日常的登录行为审计。

(4) 漏洞检测与修复

针对互联网上新出现的漏洞风险，均能在第一时间获取到漏洞详情。针对捕获的漏洞风险，会第一时间完成对漏洞的分析和响应，基于腾讯云安全运营团队的漏洞响应流程，可以快速完成漏洞危害的判断、修复补丁的制作，同时提供漏洞检测 POC 应用到产品上。

3. Web 安全防护：Web 应用防火墙

Web 应用防火墙主要帮助应对 Web 攻击、入侵、漏洞利用等网站及 Web 业务安全防护问题。Web 应用防火墙是一款专业为网站及 Web 服务的一站式智能防护平台。其防护原理是通过将原本直接访问 Web 业务站点的流量先引流到腾讯云 WAF 防护集群，经过云端威胁清洗过滤后再将安全流量回源到业务站点，从而确保到达用户业务站点的流量安全可信。

企业组织通过部署腾讯云 Web 应用防火墙服务，将攻击威胁压力转移到腾讯

云 WAF 集群节点,轻松获取业界最高 Web 攻击防护能力,为组织网站及 Web 业务运营保驾护航:

* 部署腾讯 Web 业务安全级别防护能力
* 共享腾讯安全大数据威胁人工智能能力
* 获取业界顶尖安全联合实验室攻防对抗能力

【业务架构】

腾讯云 Web 应用防火墙采用 SaaS 化模式交付,通过修改 DNS 引流设置,用户侧无须部署任何硬件设备,即可分钟级获取 Web 防护能力,如图 5-10 所示。

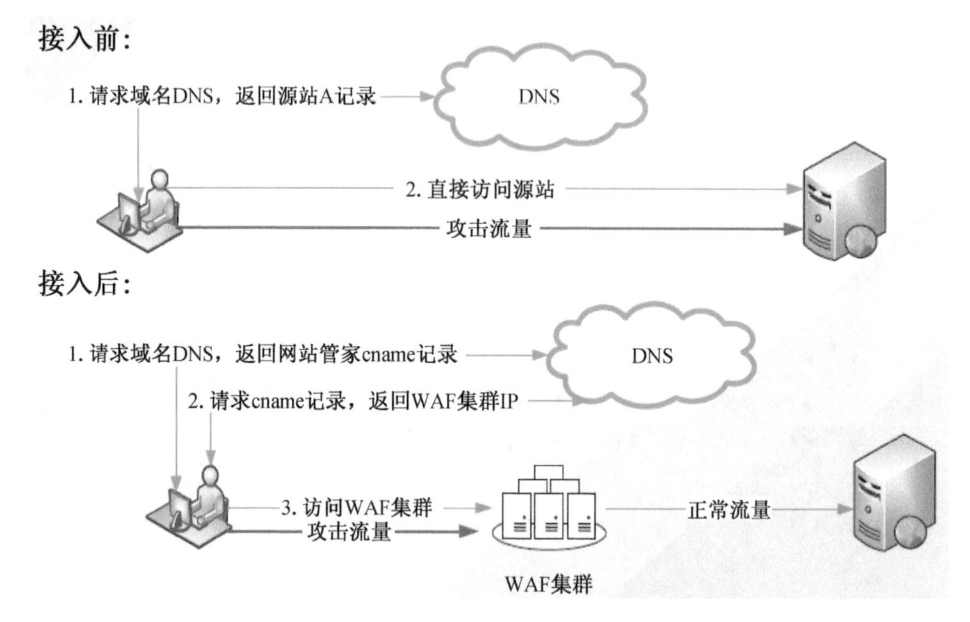

图 5-10 腾讯云 Web 应用防火墙防护业务架构

(1) 客户在 Web 应用防火墙的管理界面配置好需要防护的域名和网站的源站 IP 地址,将分发一个 cname;

(2) 客户修改 DNS 解析,由原始的 A 记录指向源站,修改为 cname 记录指向 Web 应用防火墙分发的 cname;

(3) 公网用户的访问流量通过 cname 机制引流进入 Web 应用防火墙集群,经过入侵检测之后的安全流量回源到客户源站。

4. 运维安全防护:堡垒机

腾讯堡垒机系统是集用户(Account)管理、授权(Authorization)管理、认证(Authentication)管理和综合审计(Audit)于一体的集中运维管理系统。该系统能够为企业提供集中的管理平台,减少系统维护工作;能够为企业提供全面的用户和资源管理,减少企业的维护成本;能够帮助企业制定严格的资源访问策略,并且采用强身份认证手段,全面保障系统资源的安全;能够详细记录用户对资源的访问及操作,达到对用户行为审计的需要。

（三）事后威胁处置

通过对网站访问行为和网站后台数据库的访问行为进行监控、记录和审计，通过对网络安全日志进行分析，实现事后的安全审计和分析。通过应急响应服务帮助用户迅速有效地从安全事件中恢复过来，并将信息丢失以及服务被破坏的程度降到最低。

产品：应急响应。

服务内容：应急响应服务、威胁事件处置。

应急响应是当安全威胁事件发生后迅速采取的措施和行动，其目的是最快速地恢复系统的保密性、完整性和可用性，阻止和降低安全威胁事件带来的严重性影响。

当入侵或破坏发生时，对应的处理方法主要的原则是首先保护或恢复计算机和网络服务的正常工作，并且为客户做内网渗透测试，提出安全建议，进行系统安全加固，提高网络安全等级。服务内容包括：

（1）7×24 快速响应服务：提供全天候的应急响应服务，同城现场响应在 4 个小时之内，其他城市现场响应在 48 个小时之内。

（2）判定安全事件类型：从网络流量、系统和 IDS 日志记录以及桌面日志中判断安全事件类型。查明安全事件原因，确定安全事件的威胁和破坏的严重程度。

（3）抑制事态发展：抑制事态发展是为了将事故的损害降低到最小化。在这一步中，通常将受影响系统和服务隔离。

（4）排除找出后门程序：针对发现的安全事件，帮助客户找出导致紧急事件发送的后门程序，排除问题。

（5）恢复信息系统正常操作：在排除问题后，将已经被攻击的设备或由于事故造成的系统损坏作恢复性工作，使网络系统能在尽可能短的时间内恢复正常的网络服务。

（6）安全事件总结与分析：对安全事件发生以及处理过程进行总结和分析。

（7）内网渗透测试：做完基础应急响应工作支持之后，对客户认为不安全的内网进行渗透测试，并提出修复建议。

（8）客户信息系统安全加固：对系统中发现的漏洞进行安全加固，消除安全隐患。

（9）内网渗透测试复测：在进行修复和加固作业之后，再次进行渗透测试。

（10）重新评估客户信息系统的安全性能：重新评价客户系统的安全特性，确保在一定的时间范围内，不发生同类安全事件。

四、网站安全解决方案在医疗行业的应用实例

腾讯安全通过与信通院等国家智库合作，加强对医疗行业安全问题的研究，协

助构建医疗信息安全建设,提供一站式安全解决方案。

腾讯安全针对医疗单位对业务安全和网络使用安全的需求,通过统一规划医疗单位网络的安全架构,实现对全网安全的统一监测、分析、预警和及时响应处置的一站式解决方案。腾讯御点终端安全管理系统、腾讯御界高级威胁检测系统、腾讯御见安全态势感知平台和新加入的腾讯御知网络空间风险雷达等系列产品,在终端安全、边界安全、网站监测、统一监控方面为医疗机构建立一套集风险监测、分析、预警、响应和可视化为一体的安全体系,打透“云、管、端”进行立体防护,能够及时有效发现全网已知和未知的威胁攻击,并快速响应处理,避免造成不必要的安全损失,促进健康医疗行业的网络安全防御体系建设,支撑保障互联网医疗的安全发展。

除健康医疗行业外,腾讯安全行业解决方案覆盖政府、零售、金融、泛互联网、能源、工业等众多行业。如图 5-11 所示。

图 5-11 腾讯安全行业解决方案全景

Ⅱ 互联网诈骗安全检测情况

(本节数据来源:恒安嘉新(北京)科技股份公司)

一、互联网诈骗时间态势分析

2019 年,恒安嘉新共计检测到 27 223 199 次互联网诈骗事件;其中赌博事件 5 907 129 件;色情事件 19 611 828 件;容易造成经济损失的“钓鱼”诈骗事件 98 259 次;“杀猪盘”诈骗事件 652 410 件;涉及 8 个诈骗大类、68 个诈骗小类;受骗用户共计 505 310 人,来自于全国 353 个地区。

（一）互联网诈骗事件月度分析

图 5-12 显示了 2019 年恒安嘉新监测到的互联网诈骗事件情况。从 4 月份开始，恒安嘉新与合作伙伴进行网络赌博相关网站安全事件检测工作，因此检测到的安全事件呈现显著增长，这部分增长主要来自于赌博和色情类诈骗网站。从 9 月份开始，恒安嘉新新增了"杀猪盘""钓鱼"诈骗类型的事件检测。因此数量呈现又一次增加。除去这些情况的影响，全年诈骗事件整体态势呈现较为稳定的波动。但基数仍然较大，这体现出了互联网反诈工作形势依然严峻。

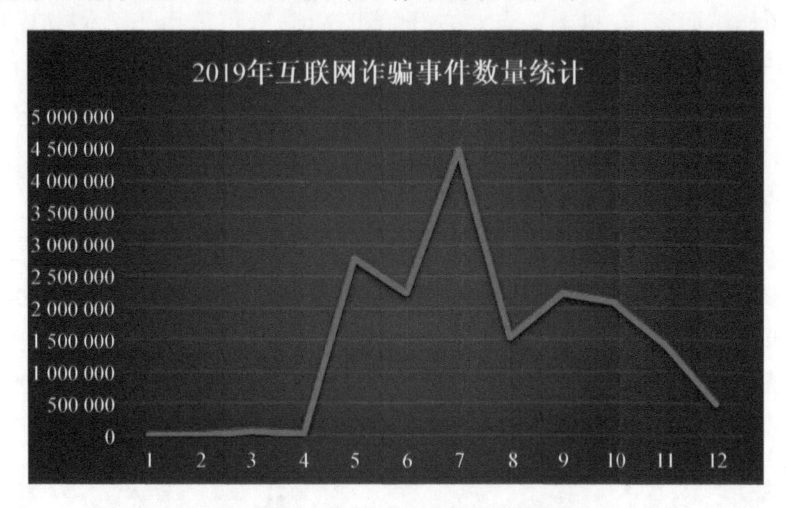

图 5-12　2019 年互联网诈骗事件态势

由于赌博和色情类的诈骗事件数量较多，难以体现其他类型诈骗的特点。图 5-13 显示了剔除赌博色情类诈骗事件后，2019 年全年的诈骗事件分布情况。9 月由于"杀猪盘"相关合作导致数量发生增加，此外 3 月份案件呈现出爆发态势，分析可知，较为可能的原因是年后大量人员流动及重新开始复工所致。

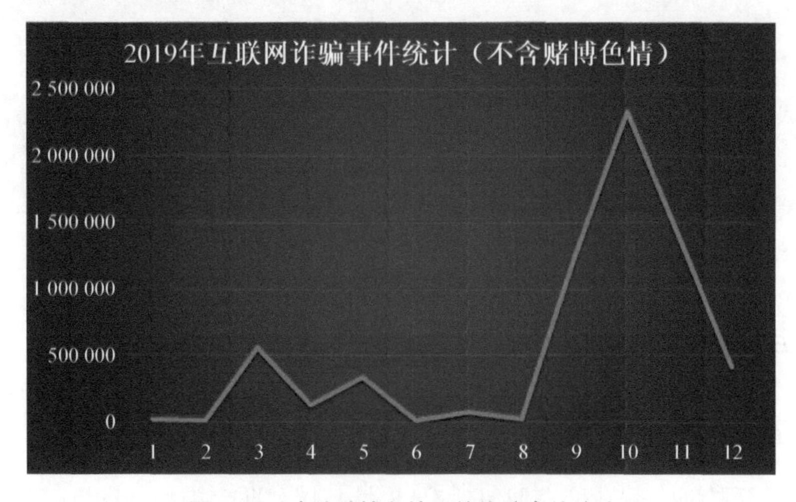

图 5-13　去除赌博色情后的诈骗事件统计

(二) 互联网诈骗每小时态势统计

图 5-14 展示了按小时进行统计的统计的互联网诈骗事件态势图,从图中可以明显看出,每日的互联网诈骗事件和时间呈现明显关联波动情况。

通过分析数据,我们发现,“钓鱼”“杀猪盘”等诈骗活动,在白天工作时间发生的频率较高。而赌博和色情类的诈骗活动,在夜晚呈现高发态势。

图中橙色的线是赌博、色情类的小时分布情况,蓝线是“钓鱼”“杀猪盘”等诈骗活动情况。

对钓鱼诈骗而言,在早上 9 点左右开始飞速增长,可能由于人们起床后在上班途中或刚开始上班,可以有时间开始使用手机。

在 10 点左右达到第一个高峰。分析其原因可能是 10 点左右,诈骗分子开始将大量诈骗网页地址通过各种途径进行投放,并且人们在经过一定时间工作后,处于较为空闲的状态,容易使用手机。

午后诈骗数量呈现波动上升状态,在下午 14 点达到顶峰,这一时刻是一天中诈骗案件最为高发的时刻。随后诈骗事件发生频率开始下降,到 18 点后逐渐降低,直至入夜后事件较为稀少。

而色情、赌博类则相反,在晚上下班后从 19 点起逐渐增长,到夜里 0 点左右达到顶峰。

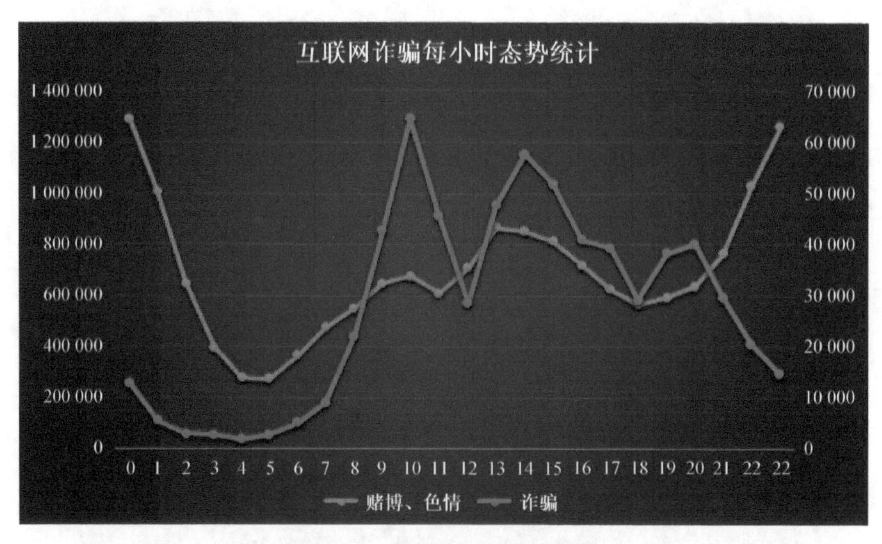

图 5-14　每日按小时事件态势

二、互联网诈骗网址分析

(一) 互联网诈骗网址类型分析

2019 年互联网诈骗网址类型包括 IP 地址与域名两个类型。图 5-15 展示了诈骗网址类型的占比情况。其中有98%的诈骗网址以域名形式出现，只有2%采用直接IP地址的形式。

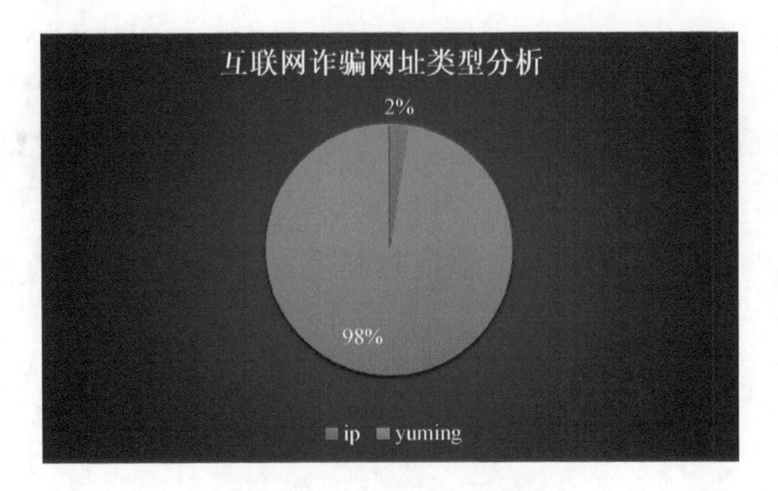

图 5-15　IP与域名占比分析

(二) 互联网诈骗一级域名分析

对2019年诈骗网址的一级域名种类进行分析，发现了一级域名共199类。对其使用频率进行排序，其Top10如图5-16所示。

图中展示了诈骗网址Top10一级域名的分布情况，使用最多的是“.com”域名，占到了88.321%；其次是“.net”域名，占到了5.514%；紧随其后的是“.cc”和“.org”域名，分别占比1.700%和1.028%。

从一级域名的分布情况来看，“.com”与“.net”这种常见一级域名，其理论上的欺骗效果最好，因此使用率也对应最高。

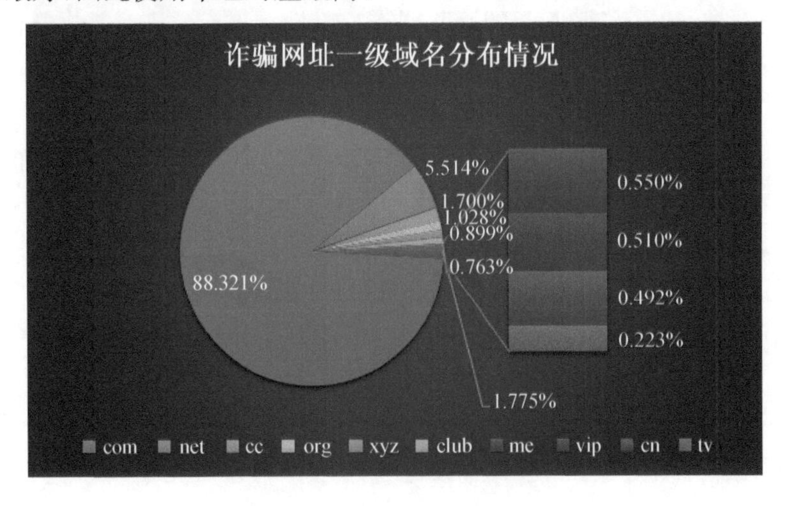

图 5-16　涉诈一级域名统计

(三) 互联网诈骗设置网址与域名分析

此外，2019 年互联网诈骗的热门网址与热门域名进行了统计分析，图 5-17 显示了热门 Top20 的涉诈网址。其热门受骗程度如图中颜色块大小所示。

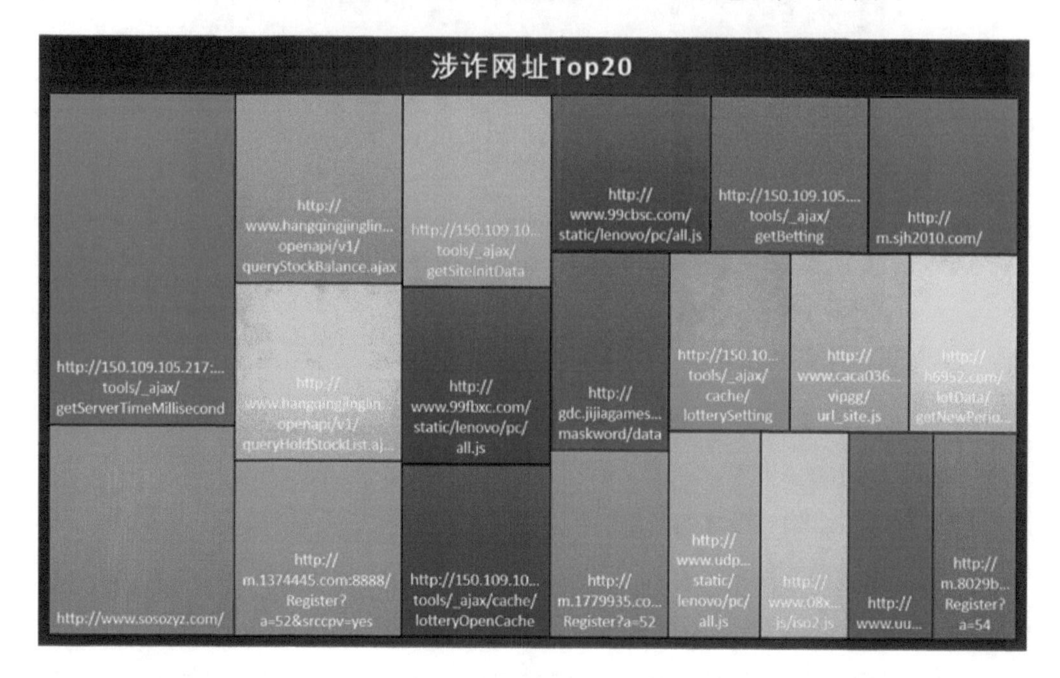

图 5-17 涉诈网址 Top20 统计

三、互联网诈骗类型分析

针对涉诈网页内容进行了分析，并根据其网页内容进行了简单分类，共检测到了 8 个诈骗大类、68 个诈骗小类的互联网诈骗事件。下面分别对其进行深入分析。

(一) 互联网诈骗网页大类分析

针对 8 个互联网诈骗大类进行分析，图 5-18 显示了这 8 类互联网诈骗种类的事件占比情况。这 8 类互联网诈骗种类分别为仿冒钓鱼、赌博诈骗、色情诈骗、健康医疗、刷单兼职、利诱返利、投资理财、“杀猪盘”。

其中色情类的事件数量最多，占到 73.22%；赌博类诈骗与“杀猪盘”诈骗同样较多，分别占比 22.06%和 2.44%。

(二) 互联网诈骗网页小类专项分析

进一步地，本团队对可能造成直接危害的仿冒钓鱼大类下的小类进行专项分析，具体分析如下。

2019 年恒安嘉新共检测到仿冒钓鱼类事件 96 069 起，共计检测到针对 47 类对

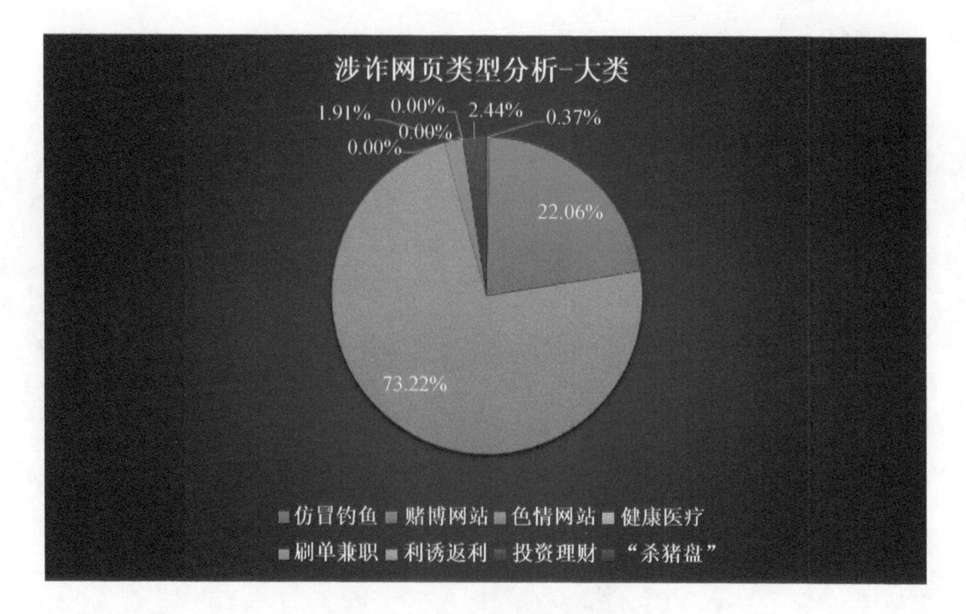

图 5-18　互联网涉诈网页类型

象的仿冒事件。针对仿冒钓鱼类诈骗的分析结果如图 5-19 所示。其中仿冒工商银行的最多，为 24 978 起，占 26.00%；其次是仿冒中国银行与仿冒建设银行，事件数量分布为 19 079 和 15 054 起，占比分别为 19.86%与 15.67%。

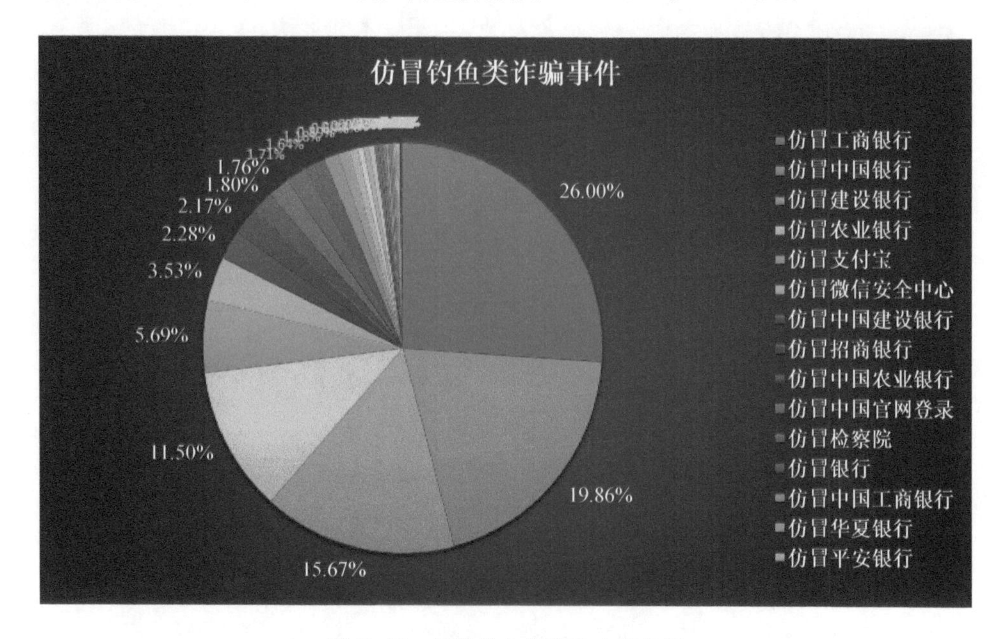

图 5-19　仿冒钓鱼类诈骗小类分析

进一步对其进行细致分析，除了仿冒银行外，仿冒支付宝也有较多事件，5 469 起，占 5.69%；紧跟着的是仿冒微信安全中心，3 390 起，占 3.53%。另外仿冒苹果官网也有 1 692 起，占 1.76%。对仿冒公检法类型来说，有 1.64%，共 1 647 起是仿冒检察院事件。

仿冒钓鱼的前20类数据数量如图5-20所示。

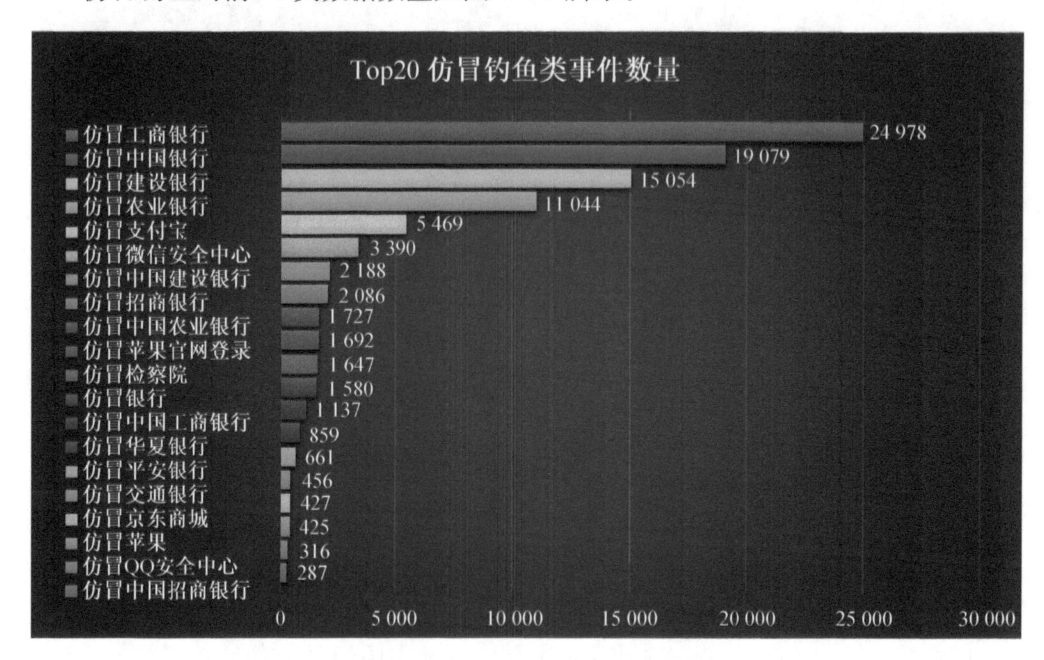

图 5-20　Top20 仿冒钓鱼类事件数量

进一步对仿冒钓鱼类访问次数最多的Top10域名进行统计，整理后如图5-21所示。其中wap. bocincre＊＊＊＊＊. com，内容为仿冒中国工商银行。其数量远远大于其他仿冒类页面。

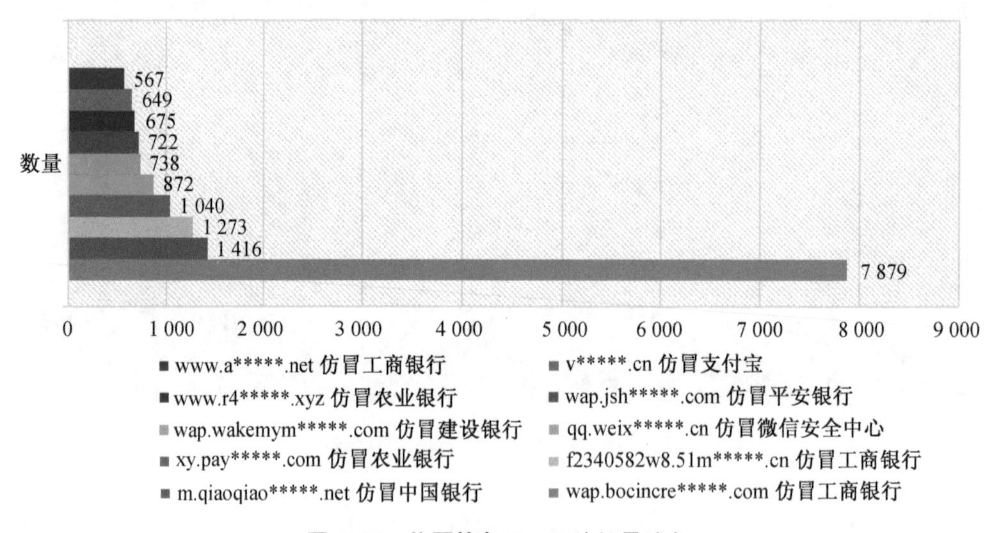

图 5-21　仿冒钓鱼 Top10 访问量域名

进一步对仿冒钓鱼类事件中的 IP 地址进行分析排名后，Top10 排名如图 5-22 所示。其中大部分 IP 对应的为仿冒工商银行网站，其中一个访问量最多的来自新疆乌鲁木齐，剩余绝大部分来自香港。

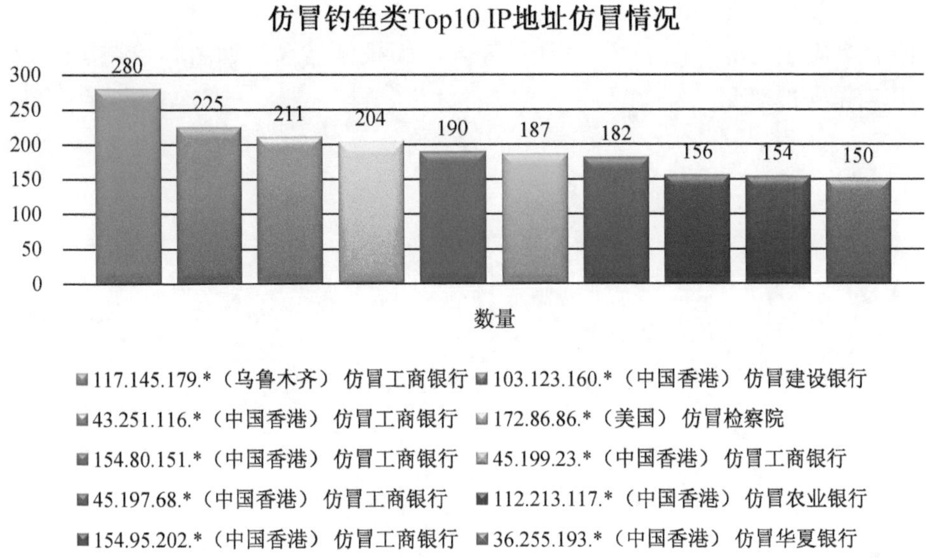

仿冒钓鱼类Top10 IP地址仿冒情况

300
250
200
150
100
50
0

280　225　211　204　190　187　182　156　154　150

数量

117.145.179.*（乌鲁木齐）仿冒工商银行　103.123.160.*（中国香港）仿冒建设银行
43.251.116.*（中国香港）仿冒工商银行　172.86.86.*（美国）仿冒检察院
154.80.151.*（中国香港）仿冒工商银行　45.199.23.*（中国香港）仿冒工商银行
45.197.68.*（中国香港）仿冒工商银行　112.213.117.*（中国香港）仿冒农业银行
154.95.202.*（中国香港）仿冒工商银行　36.255.193.*（中国香港）仿冒华夏银行

图 5-22　仿冒钓鱼类 Top10 IP 地址

仿冒钓鱼这一类诈骗方式，主要通过利用虚假页面骗取用户上传信息，从而获取收益。

四、互联网诈骗典型案例

(一)“暴富谎言”网络博彩

“相见不问好，开腔言生肖。上期已出牛，这期该马跑？输者长叹息，赢者怨注小。田亩少人耕，沃野生蒿草。电视及时雨，码报如雪飘。遥望买单处，人如东海潮。”一首《买马》诗，形象地刻画出地下“六合彩”的泛滥灾情。互联网的快速发展促使彩票产业从线下转向了线上，网络博彩同样泛滥成灾。最近暗影实验室收集了一批博彩类样本，并对其进行了分类分析。

1. 网络博彩背景

在网站上搜索“网络赌博案”，映入眼帘的标题就是“全国最大网络赌徒案宣判:‘暴富谎言’吸引 4 840 亿投注”“全国最大规模网络赌博案，赌徒一月输掉 150 亿”等案例，从 2014 年“世界杯”起催生了约 300 家互联网公司在线售卖彩票，导致网络售彩各种乱象层出不穷。同时在互联网时代、移动数据时代为博彩类应用的滋生提供了便利的环境。国家对网络博彩并没有明确的法律规定，这就导致越来越多人钻法律空子，铤而走险进入博彩行业。近日公安部发布消息称:大连、烟台警方各破获一起特大非法经营案，涉案金额分别为 92 亿元和 15 亿元，涉案公司主要从事帮助跨境赌博公司搭建非法支付渠道。由此可以看出网络赌博流转的资金是多么庞大，又有多少民众深受其害。

2. 博彩类应用概述

(1) 应用名分布

博彩类应用大部分以×××彩票、×××娱乐城命名。如图 5-23 所示为博彩类应用名称分布情况。

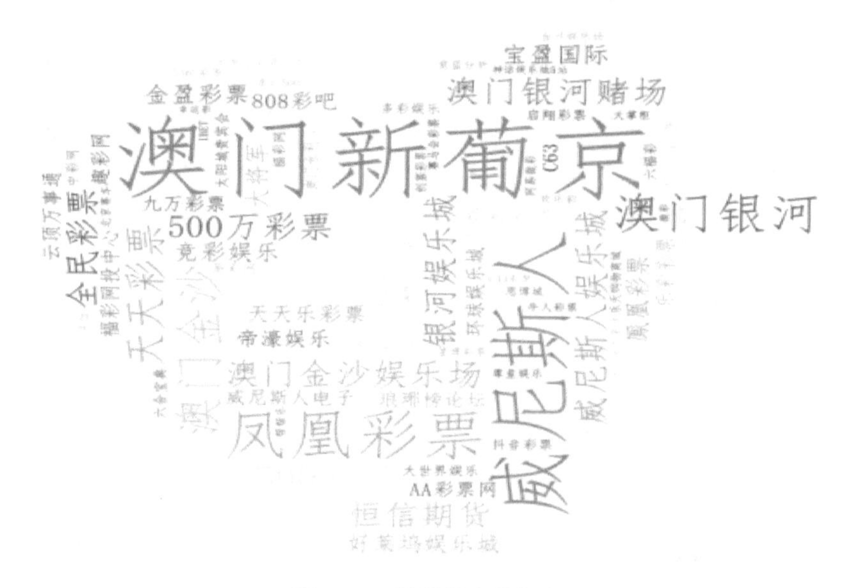

图 5-23　博彩类应用名称

(2) 样本包名签名信息统计

通过对样本的统计，发现这批样本中，以 com. apk. u 为前缀的包名最多，占比为 82%。而这些包名对应的签名信息 CN＝apk，OU＝apk... 同样也占比最高，占比为 83%，由于相同签名的样本只能出自一个组织或个人，其他人无法获得相同的签名。因此可以看出这些应用基本都出自于同一厂家。如图 5-24 所示。

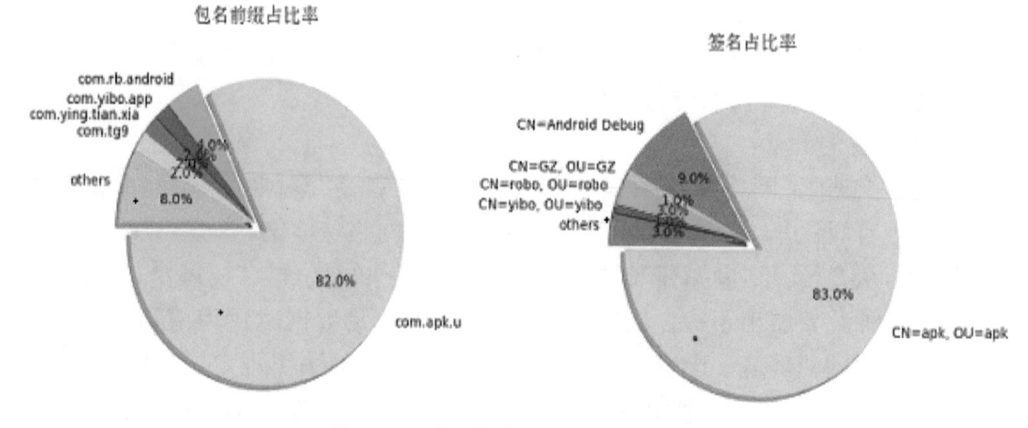

图 5-24　应用包名与签名分类统计图

样本同质化严重，质量低下，不同的应用的界面结构几乎一模一样。如图 5-25 所示。

图 5-25　不同应用的“两个”主界面

(3) 网络博彩套路

网络博彩通过 QQ、比邻、陌陌等社交软件利用男帅女靓的头像吸引他人，获取好感并主动加好友，之后以软件不常用的理由要求对方加微信。微信头像、朋友圈等信息都是盗用他人照片及朋友圈的虚假信息。通过朋友圈营造自己是一个成功人士的形象。主动联系受害者，嘘寒问暖，获取信任，了解对方经济情况。之后透露自己有副业，盈利丰富，勾起对方好奇心。以试玩、充值就送、虚假的盈利数据诱惑对方充值。对方上钩后，通过修改开奖结果，带初玩者把把盈利，加深他们对平台以及介绍者的信任。之后便以多输少赢的局面让受害者亏空。如图 5-26 所示。

3. 追踪溯源

(1) 组织架构

俗话说羊毛出在羊身上，从制作到使用，每一环节都可以获利，线上赌博的流程已经形成了一条成熟的产业链，BOSS 属于投资方以及幕后最大的操作手，同时也是隐藏最深的。制作团队根据需求以及市场情势批量制作应用程序或者网站，这样的产品一般都是套用模板，配合着精心研究的算法批量产出。代理团队使用各种办法将其进行推广及处理售后工作，发展的下线通过设置赔率从流水线中获

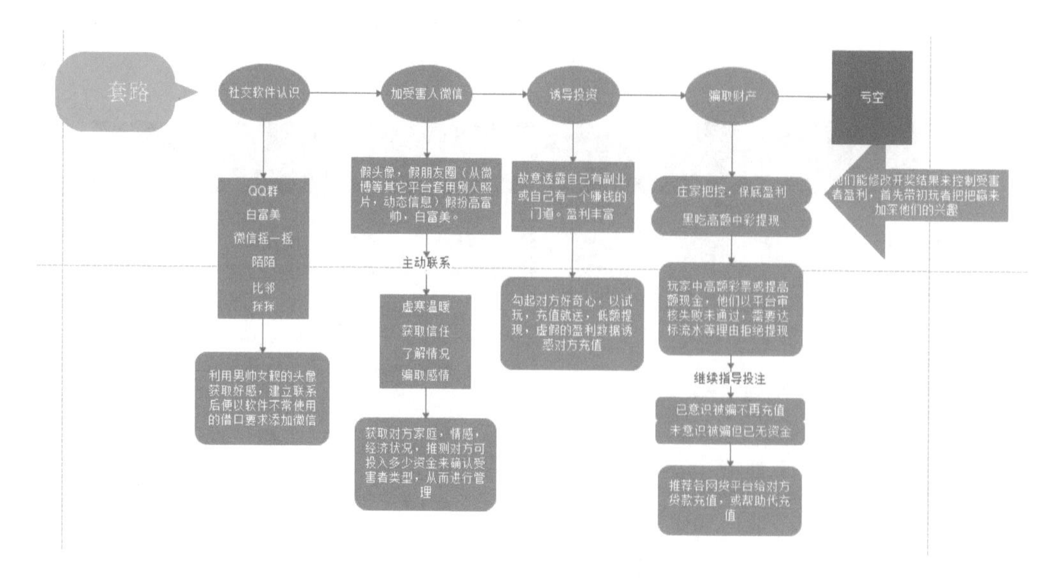

图 5-26　网络博彩套路

取佣金。当用户被榨干钱财的时候，推荐与其合作的贷款平台，层层环节获取的黑钱交由洗钱组通过多次转账等手法将其洗出分成。如图 5-27 所示。

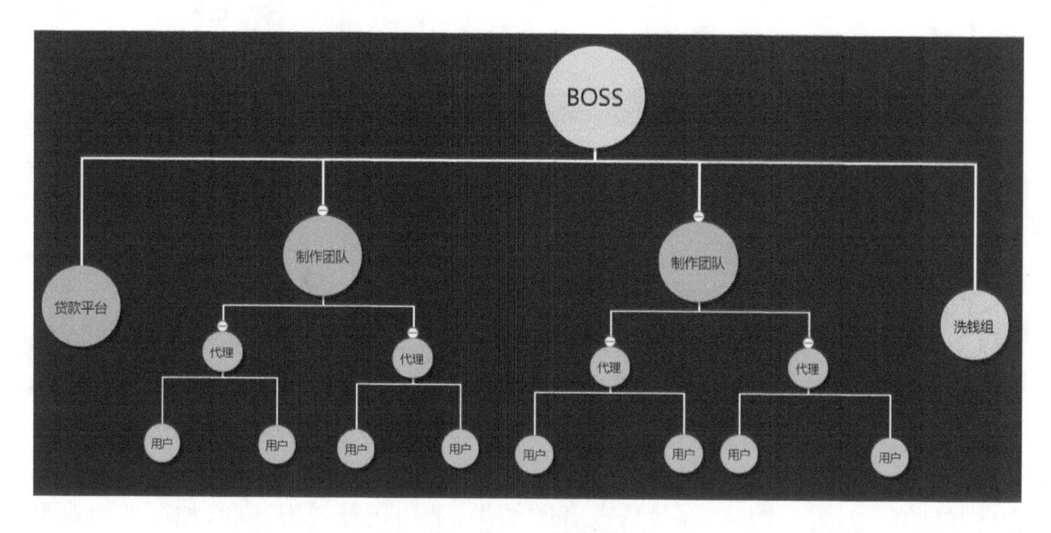

图 5-27　组织架构

(2) 传播途径

* 微信小程序

小程序的火热以及它带来的方便高效性博得了用户很多好感，很多人对它们的戒备心并不是很强，随手一个转发到群聊，点击量就会不断增加。如图 5-28 所示。

所有的按钮都指向了下载链接，这个小程序只是一个传播途径，引导用户下载 APP。如图 5-29 所示。

图 5-28　微信小程序

图 5-29　下载链接

* 发展代理下线

通过将玩家发展成下线。玩家获取到代理盘，成为平台代理。代理的模式是通过生成邀请码发展自己的客户，自己设置自身的高赔率，通过客户的赔率的差额进行回水，从而赚取佣金费用。如图 5-30 所示。

当您能看到这个页面，说明您的账号既是玩家账号也是代理账号，既可以自己投注，也可以发展下级玩家，赚取返点佣金。

如何赚取返点?

可获得的返点，等于自身返点与下级返点的差值，如自身返点5，下级返点3，你将能获得下级投注金额2%的返点，如下级投注100元，你将会获得2元。点击下级开户，可查看自身返点，也可为下级设置返点。

下级开户

生成邀请码 立即开户 邀请码管理

开户类型： 代理 玩家

返点设置：请先为下级设置返点。 点击查看返点赔率表

彩票游戏 9.91 快选

时时彩	9.91	(可设置返点范围0.0-9.91)	快3	9.91	(可设置返点范围0.0-9.91)
11选5	9.91	(可设置返点范围0.0-9.91)	六合彩	8.17	(可设置返点范围0.0-8.17)
低频彩	9.91	(可设置返点范围0.0-9.91)	快乐8	9.91	(可设置返点范围0.0-9.91)
PK10	9.91	(可设置返点范围0.0-9.91)	快乐十分	9.91	(可设置返点范围0.0-9.91)

视讯 0.0 快选

电子 0.0 快选

对战 0.0 快选

生成邀请码

代理报表

今天 昨天 本周 上周 本月 上月

下级报表查询 搜索

¥0.00 投注金额	¥0.00 中奖金额	¥0.00 活动礼金	¥0.00 团队返点	¥0.00 团队盈利
0人 投注人数	0人 首充人数	1人 注册人数	1人 下级人数	¥0.00 团队余额
¥0.00 充值金额	¥0.00 提现金额	¥0.00 代理返点		

彩票	¥0.00 投注金额	¥0.00 实际盈亏	¥0.00 返点金额

图 5-30 发展代理下线

新注册的用户必须输入代理的邀请码才能注册。如图 5-31 所示。

* 捆绑色情直播招赌

推广员通过兼职招聘、网赚项目、色情直播等方式进行招赌。直播就在网络赌博平台进行，几名女子每天固定时间进行色情直播。观看直播需要先在网络赌博平台上注册充值，才能获得观看权限。如果充值超过一万元，可以观看一对一色情直播。

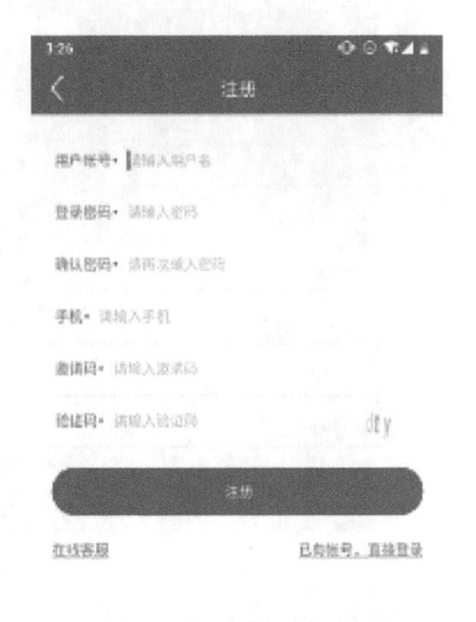

图 5-31　邀请码注册

(3) 盈利方式

博彩类应用主要通过三种方式盈利，如图 5-32 所示。

① 操控开奖结果保底盈利让大多数玩家输钱。

② 以各种理由拒绝中高额彩票的用户提现从而继续指导投注至最后输光为止。

③ 推荐各网贷平台或自己平台贷款给用户买彩。

(4) 四大诈术

“参与网络博彩总是输”之四大诈术：

① 诈术 1：庄家天眼，实时监测

每个客人必须通过唯一账号才能进入博彩网站或博彩客户端，庄家第一时间就能了解到有多少人员参赌和下注方式。庄家可根据玩家的下注方式来修改开奖结果。如图 5-33 所示。

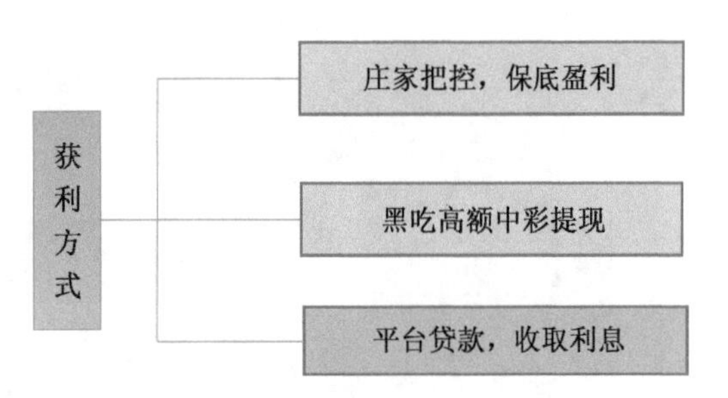

图 5-32　网络博彩盈利方式

② 诈术 2：充值返利，注册就送

黑产团队通常在各大论坛、成人网站等做广告，通过“免费试玩、注册送现金、充一百送一百”等手段吸引注册，前期调高概率让用户赢小钱，小额提现马上到账(但如果想大额提现，会以各种手段拖延或拒付)。客户尝到轻松赢钱的滋味后，就会慢慢主动充值再入局。由于庄家资金和规则上的优势，最终客户只会越输越多。这无疑是在温水煮青蛙。如图 5-34 所示。

(3) 诈术 3：美女荷官，在线发牌

网络赌场可以通过视频直播的方式，看到真人实时发牌(例如真人百家乐等)。为避免被机器人诈骗，参赌人员酷爱跟“真人荷官”对赌，认为这种赌博盈率会高。但实际上，庄家可以通过网络延迟，使参赌人员在 APP 上看到的画面比实际延迟几秒钟。实际上几乎没有赢面。

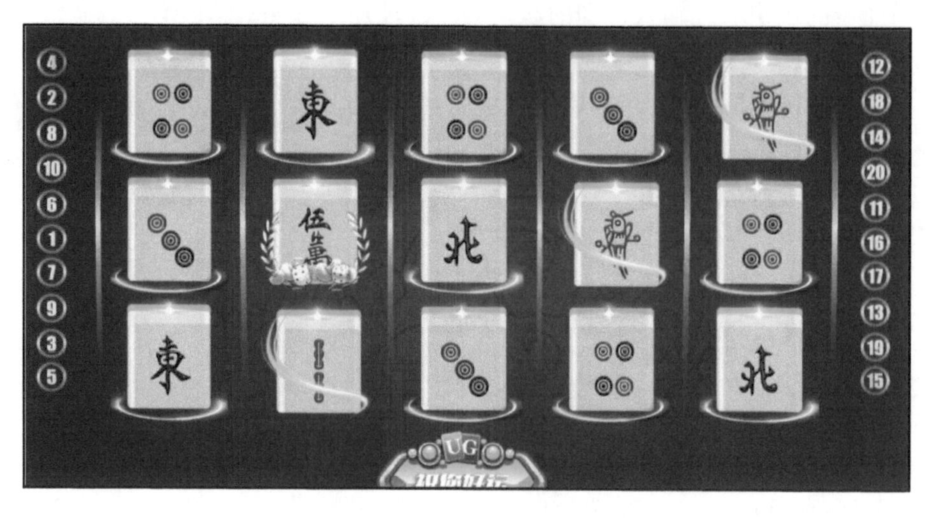

图 5-33　庄家天眼,实时监测

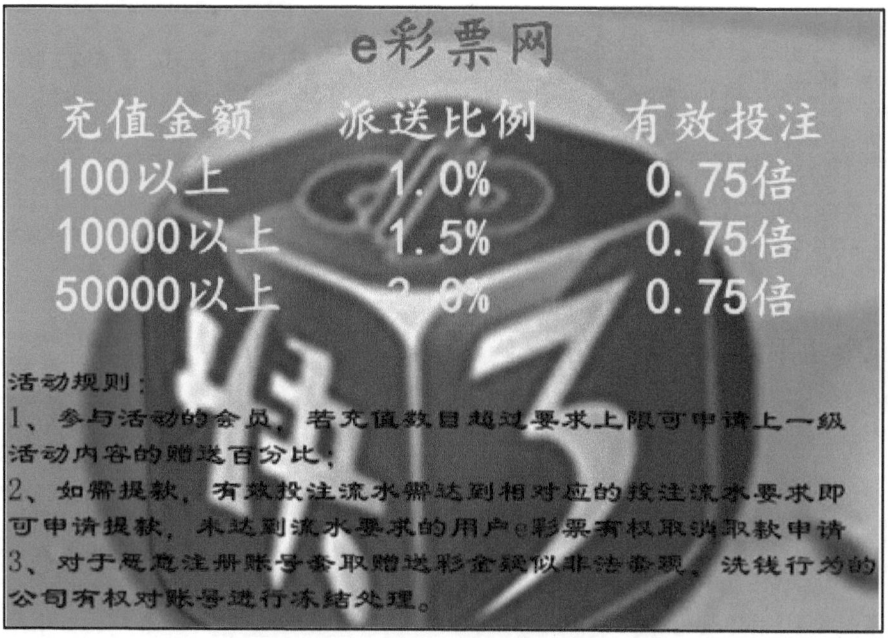

e彩票网

充值金额	派送比例	有效投注
100以上	1. 0%	0. 75倍
10000以上	1. 5%	0. 75倍
50000以上	2. 0%	0. 75倍

活动规则:
1、参与活动的会员,若充值数目超过要求上限可申请上一级活动内容的赠送百分比;
2、如需提款,有效投注流水需达到相对应的投注流水要求即可申请提款,未达到流水要求的用户e彩票有权取消取款申请
3、对于恶意注册账号套取赠送彩金疑似非法套现、洗钱行为的公司有权对账号进行冻结处理。

图 5-34　充值返利,注册就送

(4) 诈术 4:机器人陪玩

前不久,机器程序阿尔法狗战胜世界围棋冠军李世石震惊世界。事实上,网络赌场中很多所谓的“玩家”都是机器程序,庄家以机器人跟赌徒对赌。所有真实用户在下注时都可能与被系统安排的机器人同桌,有可能看起来火爆的台面上都是客户和机器人在玩。

Ⅲ　网站安全检测情况

（本节数据来源：网宿科技股份有限公司）

（一）本期报告概览

2019年，网宿云安全平台共监测并拦截了12 178.96亿次攻击，平均每天为全球网站抵御与防护约33.37亿次攻击。其中，DDoS攻击12 046.64亿次、恶意爬虫攻击119.46亿次、Web应用攻击12.86亿次；此外，在上述攻击中，网宿云安全平台还监测到针对API的攻击30.33亿次。对于企业而言，随着数字化转型，企业业务上云的演进，越来越多的关键业务、敏感数据暴露在互联网中，黑产团队拥有了更大的攻击面以及牟利点。而企业在将业务从内部网络转向互联网的过程中，内部网络业务通常较少考虑安全问题，业务转向互联网后失去了网络隔离的屏障，业务系统难以及时改造，安全问题尤为严重，大量的敏感信息以恶意爬虫、API攻击等方式被黑产团队获取。

2019年网宿云安全平台监测数据显示，恶意爬虫攻击同比增长58.33%。影视及传媒资讯、电商零售由于其信息质量较高、具有更高的价值，沦为信息泄露的重灾区。因信息泄露导致的诈骗案件数量呈爆发式增长，同时对敏感信息的保护要求，也是国家网络安全要求的重点。相比于业务攻击，DDoS攻击与Web应用攻击形势依然严峻，2019年DDoS攻击数量同比增长25.76%，Web应用攻击同比增长34.94%。依托于物联网、5G等技术的发展，DDoS展现出强度更大、手法更多样、来源更分散的趋势，全年DDoS攻击峰值屡创新高，网宿云安全平台于12月份监测到了高达1.02Tbps的攻击。游戏、电商行业依然是DDoS攻击的重灾区。Web应用攻击方面，针对1Day、*n*Day漏洞的攻击比例持续增高，暴力破解代替SQL注入成为最主要的攻击手段，黑产团队更倾向于使用简单、直接的方式获得网站权限，同时根据网宿云安全后台AI算法对攻击数据的分析，这些攻击大多来源于自动化、批量化、分布式的黑客工具。

本期报告依托于网宿云安全平台监测、拦截数据，从DDoS攻击、Web应用攻击、业务攻击等方面对2019年网络安全态势进行分析与解读。

（二）恶意爬虫攻击数据解读

1. 平均每秒发生380起爬虫攻击请求

2019年网宿云安全平台共监测并拦截了119.46多亿次爬虫攻击请求，平均每秒发生380起，同比增长58.33%。如图5-35所示，2019年恶意爬虫攻击量级月份分布平稳，波动较小。相比2018年，上半年攻击量均高于2018年所对应的攻击量。

互联网经过几十年的发展与积累后，产生了海量的数据，随着大数据、人工智

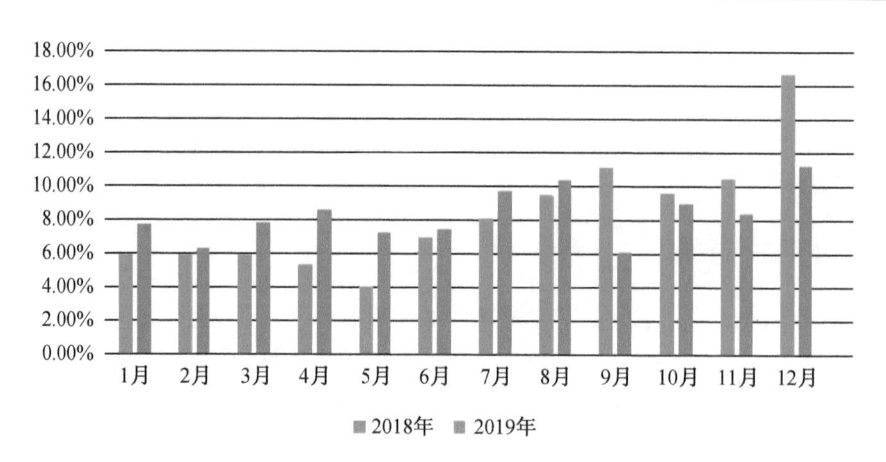

图 5-35 2018 与 2019 年全网恶意爬虫攻击分布情况

能的发展,数据逐渐成为许多公司的重要资产。围绕数据产生了许多相关产业链,如诈骗产业链、社工库产业链、“薅羊毛”产业链、人工智能数据采集产业链等。而爬虫是这些产业链的基础,通过爬虫获取数据后,产业链的各个环节再对数据进行清洗和组装。爬虫有些是出于善意的目的,如搜索引擎的爬虫,会严格遵守 Robots 协议,同时爬取的频率也会做一些限制。有些爬虫来源于创业公司、学生,为了采集数据做一些实验分析,这部分爬虫虽然不具有太大的恶意动机,但是往往不会考虑网站负载情况,给网站造成过大的负担。而有些爬虫就是以窃取敏感信息、“薅羊毛”等恶意行为为目的,会给企业带来重大损失。除了搜索引擎爬虫以外,其他的爬虫行为均被定义为恶意爬虫,网宿云安全能够对恶意爬虫进行精准识别、阻断,为用户数据提供保护。

2. 35.28%的恶意爬虫攻击源来自海外

网宿云安全平台一共监测并拦截了全球 5 316.53 万个恶意爬虫 IP,平均每个 IP 攻击网站 1 万余次。通过对恶意 IP 的地理位置分析,如图 5-36 所示,2019 年 64.72%恶意爬虫 IP 来自国内,其次是美国(11.06%)、墨西哥(4.34%)等。相比往年,海外攻击源所占比明显增多,爬虫团队海外“作战”趋势明显。

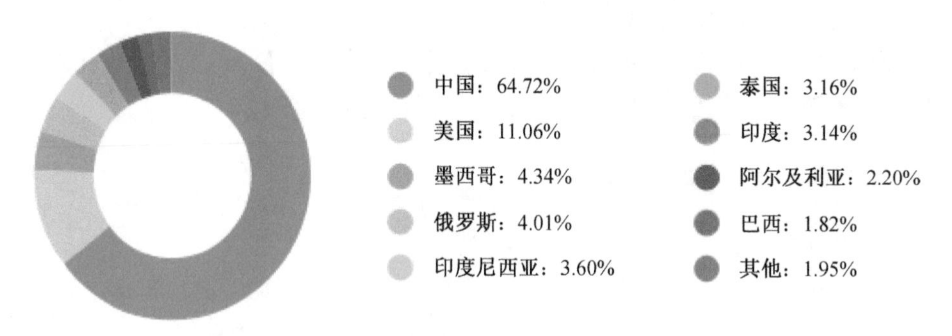

图 5-36 2019 年恶意爬虫攻击全球分布情况

3. 恶意爬虫攻击的行业分布广泛

通过对2019年多行业的数据进行分析，报告得出全年受恶意爬虫攻击比较多的行业。其中，影视及传媒资讯行业成为恶意爬虫攻击最严重的行业(33.46%)，其次是电商零售(24.66%)、政府机构(17.19%)和交通运输(11.87%)。如图5-37所示。

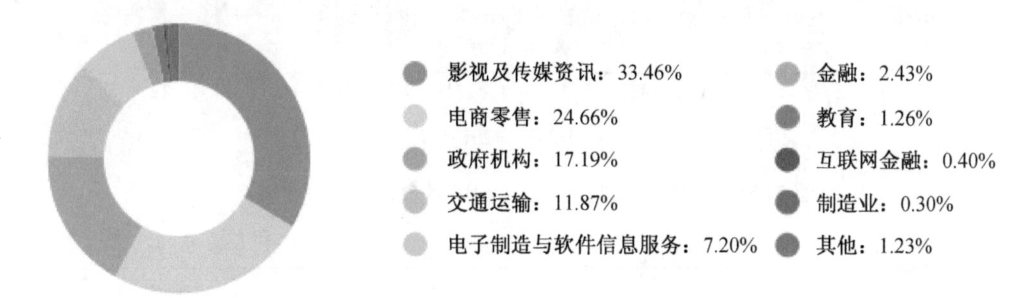

图5-37　2019年恶意爬虫攻击行业分布情况

影视及传媒资讯行业恶意爬虫主要是为了获取一些网站文章、新闻、影视资源等共享信息，同时企业信息、知识产权、信用信息等商业信息也在爬取之列。电商零售类数据爬虫主要来源于“羊毛党”与竞争对手，C2C电商由于中小卖家众多，贡献了电商类爬虫80%以上的流量。交通运输行业恶意爬虫多以抢特价机票和火车票为主要目的，黑产组织通过爬取到的特价票进行获利；大量的个人或组织则通过各类工具刷票，以满足个人出行或盈利需求。政府机构、社交等行业爬虫主要以获取个人敏感信息为主，以此衍生的社工库产业链、诈骗产业链等会造成较大的社会危害。生活服务类爬虫主要目的是为了获取店铺的评级、客户点评等，而未做严格校验的平台还会出现通过爬虫刷评论的行为。

(三) DDoS攻击数据解读

1. 2019下半年DDoS攻击同比增长超四成

2019年，网宿云安全平台共监测并拦截了12 046.64多亿次DDoS攻击事件，同比增长25.76%，平均每秒拦截3.82万次攻击。其中，网络层DDoS攻击3 397.76万次，应用层攻击12 046.30亿次。2019下半年DDoS攻击进入全年的活跃期，平台共监测到DDoS攻击事件6 960.47多亿次，同比去年下半年增长了40.65%，增长幅度较大。如图5-38所示。

2. DDoS攻击峰值创新高

以近两年网宿云安全平台监测到的全网DDoS攻击平均峰值为例，2019年平均攻击峰值为828.03Gbps，突破去年的553.84Gbps，同比上涨49.51%。纵观2019年12个月的流量攻击峰值，全年多数月份均超过了2018年所记录的DDoS攻击峰值，同时12月份的攻击峰值也突破1Tbps，达到1.02Tbps。如图5-39所示。

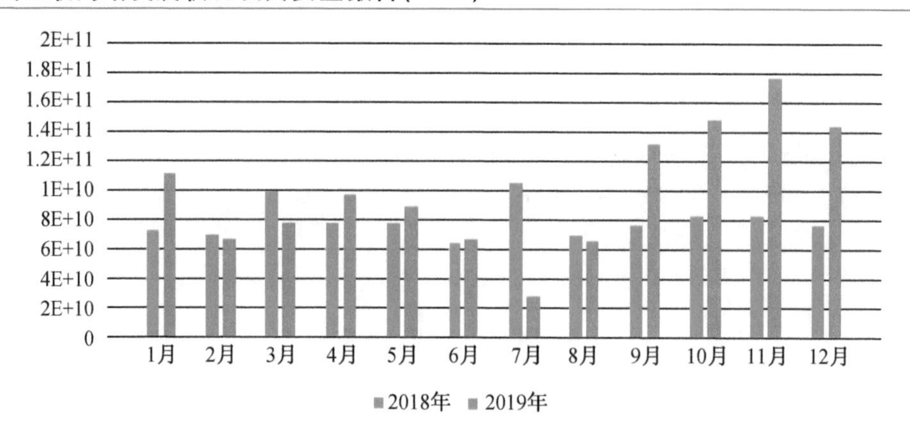

图 5-38　2018 年与 2019 年全网 DDoS 攻击月份分布情况

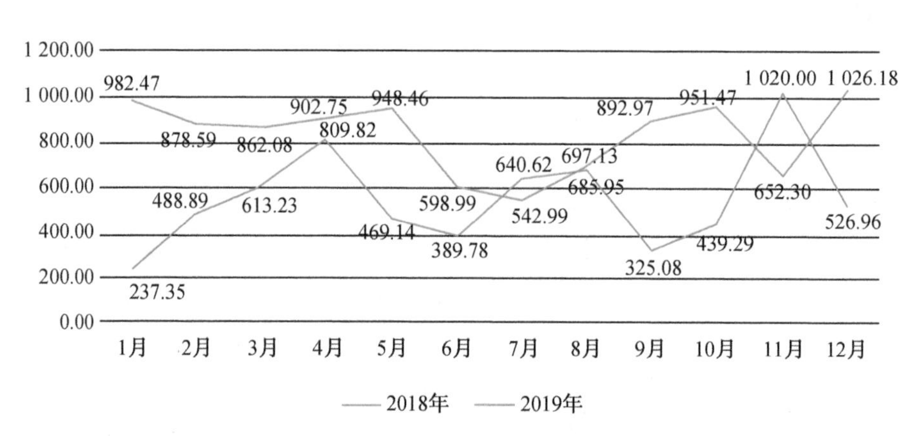

图 5-39　2018 年与 2019 年全网 DDoS 攻击峰值分布情况(单位 Gbps)

3. DDoS 攻击规模大流量趋势明显

2019 年,随着网络威胁的不断演化,DDoS 攻击规模正呈现出大流量的趋势。虽然 50Gbps 以内的攻击仍是主流,但一个显著的变化是,50Gbps 以上的攻击事件占比大幅提升,由去年的 4.03%升至 13.11%,其中,100Gbps 以上的攻击事件相比 2018 年也有 7.22%的增长。如图 5-40 所示。

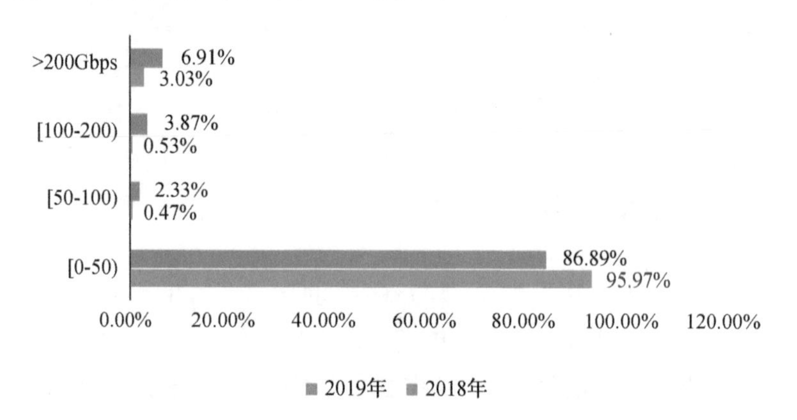

图 5-40　2018 年与 2019 年全网 DDoS 攻击带宽分布

4. 攻击更具针对性，67.88%的攻击事件在半小时内结束

对 DDoS 攻击事件持续时长进行统计分析发现，2019 年，DDoS 攻击事件的平均持续时长为 69 分钟，比 2018 年缩短了 45 分钟。67.88%的攻击事件在半个小时以内结束，相比 2018 年增长了 151.2%，而持续半个小时以上的攻击相比去年下降明显。如图 5-41 所示。

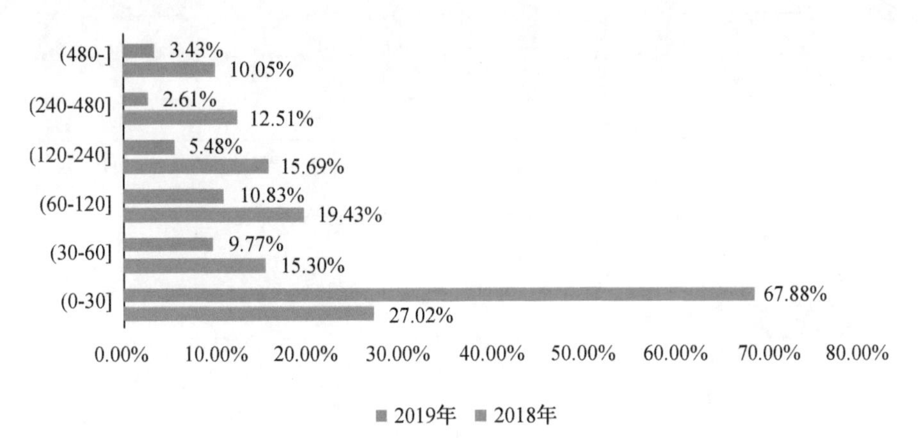

图 5-41　2018 年与 2019 年全网 DDoS 攻击事件持续时长分布

攻击方式由原来的“长时间压制”，更多地转变为“瞬时击穿”，以极大的流量直接瘫痪掉攻击的服务，导致大量用户掉线、延迟、抖动。攻击者根据被攻击目标的业务，在高峰时段进行针对性的攻击，以更低的成本，达到更好的效果。能够实现这些转变有两点原因：一是随着 Memcached 等反射型攻击的出现，能够实现 5 万的反射放大倍数，使瞬时大流量的成本更低。二是 DDoS 产业链逐步自动化、平台化，传统的发单、接单、下发攻击等流程转变为“客户”直接通过平台购买，输入攻击目标，即可发起攻击。攻击变得更为灵活，原来几个小时、甚至几天的“中间商”流程，直接缩短为几分钟内即可灵活地发起攻击或停止，也可以根据攻击目标的业务高峰期进行精准打击。

(四) Web 应用攻击数据解读

1. 2019 年 Web 应用攻击平稳增长

2019 年，网宿云安全平台共监测并拦截 Web 应用攻击 12.86 亿次，与 2018 年相比增长 34.94%。全年攻击量呈平稳增长，下半年攻击增多，10 月份达到顶峰。如图 5-42 所示。

2. 暴力破解代替 SQL 注入成为主要攻击手段

2019 年，暴力破解攻击事件增多，占据全网 Web 应用攻击的 29.01%，成为最主要的攻击方式。SQL 注入(17.87%)相比 2018 年有所下降，排名第二。其次是非法下载(14.68%)和 XSS 跨站(9.37%)。

另外，除上述攻击外，有大约 10%的攻击是通过大数据分析得到攻击 IP 后直

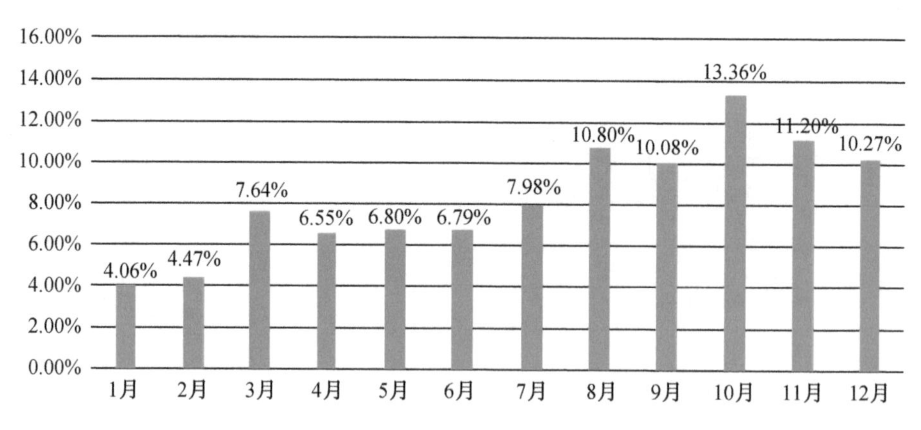

图 5-42 2019 年全年 Web 应用攻击态势分布

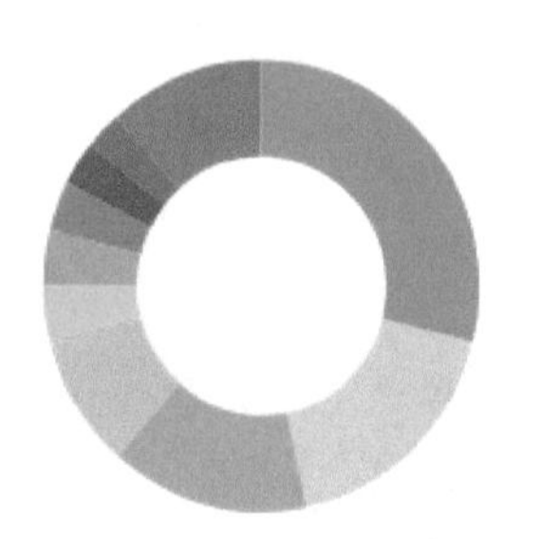

图 5-43 2019 年 Web 应用攻击类型分布情况

接拦截,这部分数据没有计入上述攻击分类中。如图 5-43 所示。

随着《中华人民共和国网络安全法》的实施与相关安全法规的发布,企业对安全也越来越重视,大多数企业都会采购防火墙、WAF 等安全产品对 Web 攻击进行有效防御。同时,许多新的 Web 框架已经能够规避 SQL 注入、XSS 等高危安全漏洞,黑客对这些漏洞的青睐程度有所降低。

相比而言,暴力破解攻击从传统的集中式暴力破解逐步演进为分布式、低速率的暴力破解集群,黑产团队操纵大量的“肉鸡”、代理 IP 池,每个 IP 一次只对一个目标尝试少量请求,然后转向下一个目标,由传统的一对一、多对一的攻击方式转变为多对多的攻击方式。防御系统难以对此类攻击进行有效防护,及时拉黑攻击 IP,在封禁时段以后依然可以继续攻击。同时暴力破解成功后能够直接获取系统权限,相比其他 Web 漏洞而言,暴力破解攻击的自动化程度更高。网宿云安全团队对一些入侵事件的响应与分析中发现,许多暴力破解成功之后会自动植入后门、挖矿木马等恶意程序,实现攻击、入侵、牟利全流程的自动化。针对此类攻击,建议不要将管理端口暴露在互联网上,如果必须开放到互联网上,建议采用白名单的方式进行防御。对于 Web 业务层面的登录,尽量将普通用户与管理用户登录进行分离,管理用户登录页面采用白名单的方式进行限制。

3. 超过半数的攻击源集中在中国

通过对攻击 IP 的地理位置分析发现，2019 年全球攻击源增加区域主要集中在中国，占比 51.02%，相比去年增加 9.84%。日本、韩国、泰国等区域的攻击源普遍减少。原因在于近几年国家对境外 IP 访问越来越严格，境外代理成本上升，黑产团队更多地使用少量境外 IP 作为控制源，向境内攻击机器下发攻击指令，躲避追踪的同时，降低成本。通过攻击 IP 威胁情报关联，大部分境内攻击 IP 来源于失陷主机、代理池，使用云计算 IP 进行攻击趋势逐步上升。如图 5-44 所示。

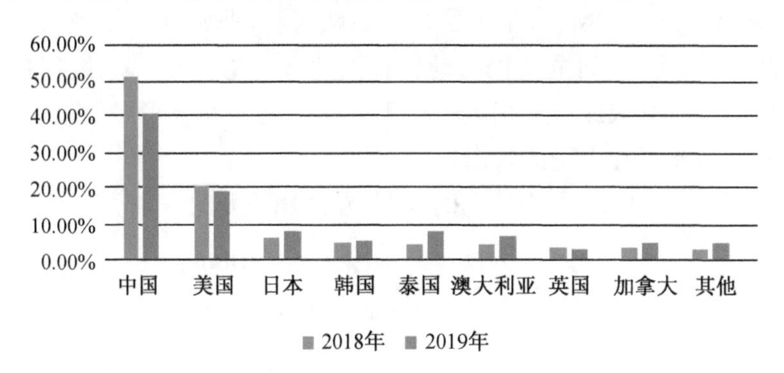

图 5-44　2019 年全球 Web 应用攻击源 IP 分布情况

对国内的攻击源 IP 省份分布进行区域性关联分析后发现，2019 年，攻击源主要分布于广东(12.51%)、江苏(8.76%)、浙江(7.06%)等地。如图 5-45 所示。

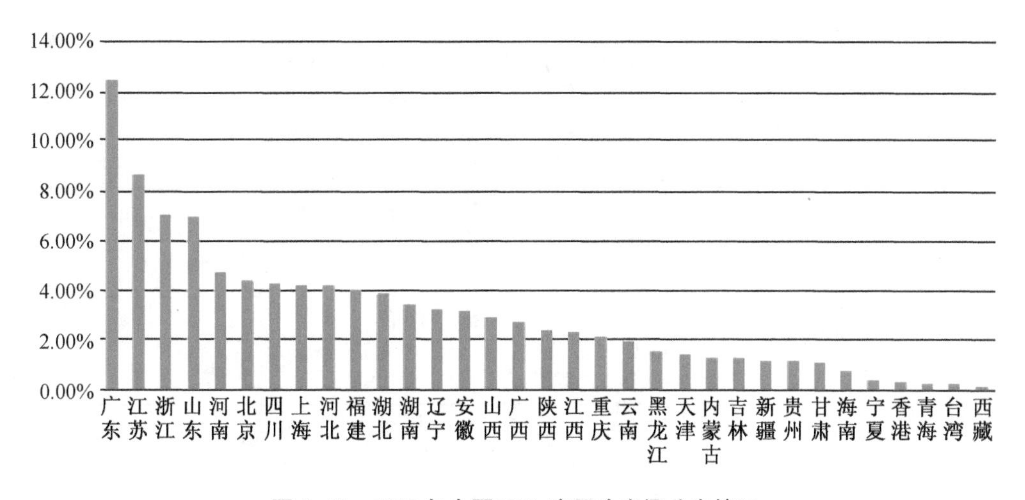

图 5-45　2019 年全国 Web 应用攻击源分布情况

4. 新爆出的漏洞利用攻击事件占比高达 43.26%

针对 2019 年爆发的漏洞(1Day 漏洞)及平台监测并拦截的漏洞利用攻击日志统计分析，网宿云安全平台发现全年漏洞利用攻击总数量为 5 682 390 次，其中针对 2019 年新曝出的漏洞利用攻击数量高达 24 581 799 次，占所有漏洞攻击的 43.26%。在对漏洞利用的攻击上，攻击者更偏向于使用最新的第三方组件漏洞进行攻击,2019年爆出的利用fastjson组件、thinkphp框架漏洞发起的攻击次数最多,影响面最大。根据网宿云安全平台对1Day漏洞攻击时间线的监测,漏洞公布后,1～2天互联网上就会出现漏洞远程利用的EXP程序,甚至有些漏洞在公布的当天,就有团队利用新漏洞发起攻击。攻击会在1～2天逐步上升,持续一周左右,然后攻击量下降趋于平稳,转变为*n*Day漏洞。对于企业而言,提前建立软件、组件版本管理平台,有利于在漏洞公布时快速找到存在漏洞的资产,根据厂商提供的修复建议,实施相应的缓解措施,给漏洞修复争取宝贵的时间。对于高危的远程代码执行*n*Day漏洞,与暴力破解一样深受黑产团队青睐,非常适合于植入到全自动化工具中,让攻击、入侵、牟利全流程自动化。因此一旦检测出高危远程代码执行漏洞,建议对版本进行升级或打上相应的补丁。据网宿云安全平台监测,一些年代久远的高危漏洞,依然存在大量的攻击。

表5-1列出了2019年影响较大的漏洞,建议用户及时修复。

表5-1 2019年影响较大的漏洞TOP10

序号	漏洞名称	攻击类型及影响分析	影响版本
1	PHP在Nginx配置下任意代码执行漏洞	PHP使用Nginx＋php－fpm的服务器,在配置不当的情况下,存在远程代码执行漏洞	PHP 7.0版本 PHP 7.1版本 PHP 7.2版本 PHP 7.3版本
2	Fastjson远程拒绝服务漏洞	Fastjson 1.2.60版本以下存在字符串解析异常,造成远程拒绝服务漏洞	fastjson低于1.2.60版本
3	Shiro Padding Oracle反序列化漏洞	Shrio所使用的cookie里的rememberMe字段采用了AES-128-CBC的加密模式,攻击者可使用合法的RememberMe cookie作为Padding	Apache Shiro＜1.4.2版本
4	Fastjson远程代码执行漏洞	Fastjson版本＜＝1.2.62存在远程代码执行,利用该漏洞可导致受害机器上的远程代码执行	Fastjson低于1.2.60版本
5	Thinkphp远程命令执行漏洞	Thinkphp5.0.＊版本存在的通过_method等参数进行函数覆盖造成选程命令执行漏洞	Thinkphp5.0.＊全版本
6	Fastjson反序列化漏洞	Fastjson的反序列化远程命令执行漏洞,通过发送json包中的@type指定反序列化类从而造成远程代码执行	fastjson＜＝1.2.47版本
7	Exim远程代码执行漏洞	Exim是一个运行于Unix系统中的开源消息传送代理(MTA)漏洞源于Exim4.92.1中的SMTP投递过程存在缓冲区溢出,在默认配置下,TLS协商期间,攻击者通过发送以反斜杠空{'\\','\0'}序列结尾的SNI来利用此漏洞。成功利用此漏洞的攻击者,可以获取root权限在系统上执行任意代码	Exim＜4.92.2

（续表）

序号	漏洞名称	攻击类型及影响分析	影响版本
8	QEMU-KVM 虚拟机内核逃逸漏洞	由于 VHOST/VHOST_NET 缺少对内核缓冲区的严格访问边界校验，攻击者可通过在虚拟机中更改 VIRTIO network 前端驱动，在该虚拟机被热迁移时，触发内核缓冲区溢出实现虚拟机逃逸，获得在宿主机内核中任意执行代码的权限，攻击者也可触发宿主机内核崩溃实现拒绝服务攻击	2.6.34 版本到 5.2.x 版本的 Linux 内核
9	Redis 远程命令执行漏洞	由于在 Reids 4.x 及以上版本中新增了模块功能，攻击者可通过外部拓展，在 Reidis 中实现一个新的 Reidis 命令。攻击者可以利用该功能引入模块，在未授权访问的情况下使被攻击服务器加载恶意.so 文件，从而实现远程代码执行	Reidis 2.x，3.x，4.x，5.x
10	Squid 缓冲区溢出导致远程代码执行漏洞	2019 年 8 月 22 日，趋势科技研究团队发布了编号为 CVE-2019-12527 的 Squid 代理服务器缓冲区溢出漏洞分析报告，攻击者可以在无须身份验证的情况下构造数据包利用此漏洞造成远程代码执行	Squid 4.0.23-4.7

5. IPv6 攻击事件成倍攀升

IPv6 协议从设计之初就增加了安全方面的考虑，但是任何协议都不可能是完美的，随着 IPv6 的普及，IPv6 网络下的攻击也呈现上升态势。IPv6 的安全威胁主要分为三类：

第一类针对 IPv6 协议特点进行的攻击；

第二类 IPV6 新的应用带来的安全风险；

第三类针对 IPv4 向 IPv6 过渡过程中的翻译和隧道技术的攻击。

2019 年，网宿云安全平台一共监测到全网 IPv6 攻击 6 641 万次，环比上半年增长了 3.4 倍，其中，恶意爬虫攻击占比最大(42.39%)，其次是非法下载攻击(35.08%)、暴力破解(12.63%)等。如图 5-46 所示。

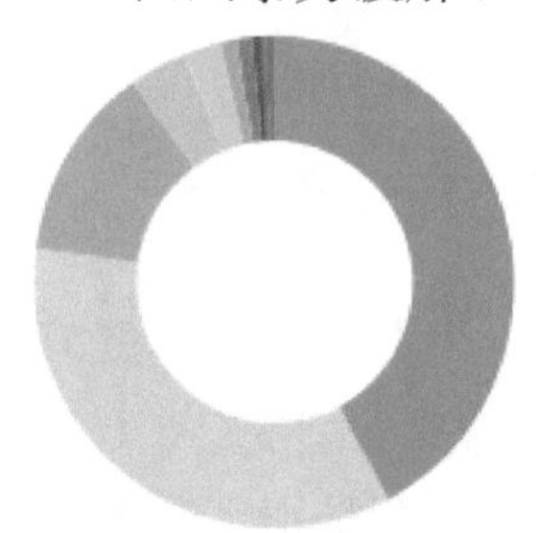

图 5-46　2019 年 IPv6 攻击源攻击类型分布

(五) API 攻击数据解读

1. API 接口正成为新的攻击目标

在互联网、大数据浪潮下,API 的应用已经十分广泛,比如快递查询、天气预报、地图等都是通过 API 实现查询,除此之外,还有征信机构通过第三方 API 数据接口获取消费、出行、社交、房产等征信数据,再对数据进行处理分析等等。开放式的 API 虽然为各类互联网产品的发展提供了便利,但也极容易被攻击。2019 年,网宿云安全平台共监测并拦截 30.33 亿次针对 API 业务的攻击。如图 5-47 所示,上半年是 API 攻击的高发期,尤其是 1 月份,达到了高峰。

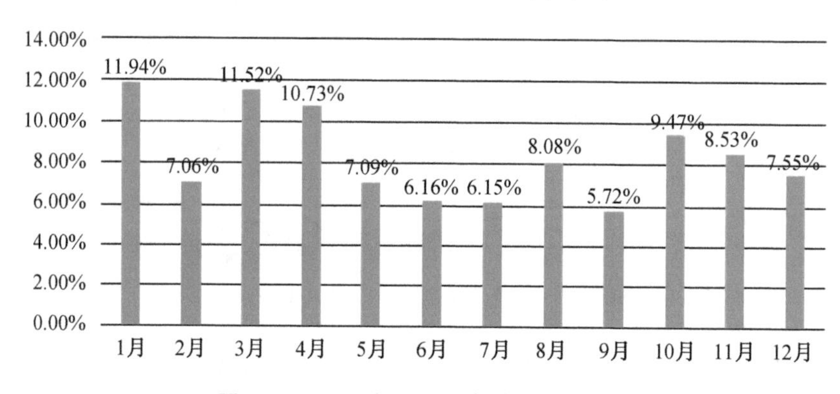

图 5-47 2019 年 API 业务攻击情况分布

2. 恶意爬虫是最主要的攻击方式

在针对 API 业务发起的攻击中,恶意爬虫是最主要的攻击方式,占整体攻击数量的 77.85%,其次是暴力破解(8.76%)、非法请求(5.56%)等。恶意爬虫能对企业开放的各类不受保护、有信息价值的 API 接口进行不断攻击,以达到破坏、牟利、盗取信息等目的。如图 5-48 所示。

图 5-48 2019 年 API 业务攻击类型分布

相对 Web 页面而言,API 给开发人员在业务对接上带来了很大的便利,既减轻了服务器的压力,也免去了解析网页的繁琐工作。但是未经安全设计的 API,也给黑客带来了可乘之机,在敏感信息泄露的安全事件中,80%以上都是由于未鉴权接口,或者鉴权接口校验不严造成的。未鉴权的 API 接口,会引来大量的攻击者爬取

数据，不但没有减轻服务器的压力，反而使服务器流量负载暴增。对接口进行鉴权、速率限制、配置白名单等方式能够有效缓解恶意爬虫攻击，降低敏感信息泄露的风险。

3. 超过50%的API攻击集中在政府机构和交通运输

2019年，超过50%的API攻击集中在政府机构和交通运输，分别占比攻击总数的36.30%、29.25%，其次是影视及传媒资讯(17.63%)、电商零售(9.00%)等。如图5-49所示。

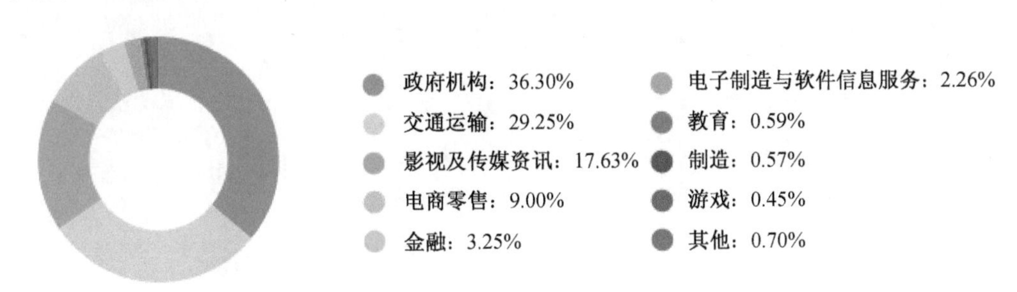

图5-49　2019年各行业API业务攻击情况分布

电商零售、影视及传媒资讯等行业，由于其诞生开始便运行在互联网上，在API的设计上已经考虑到安全问题，在开发设计上已将鉴权、数据安全传输、漏洞测试等工作纳入考量，但是由于这些行业的数据价值较高，依然是攻击者的重点目标。同时，由于这些行业已有一些安全性的设计和防护，攻击相对有所缓解。

政府机构、交通运输行业更多的是由传统行业向互联网+，向云上业务转型，许多API由内网转向外网，在设计上较少考虑安全问题，存在大量的未鉴权接口，失去了网络屏障之后，被大量的恶意探测与爬取，造成大量的敏感信息泄露。同时未经安全测试的API接口也存在大量的安全漏洞，传统的Web攻击方式，如SQL注入、XSS等问题甚至比传统网站更为严重。

在API的设计上，建议至少考虑鉴权、URL过滤、加密传输、速率限制、敏感信息匿名化等安全措施，降低API的安全风险。